REND

EASTERN
KINGDOMS

아제로스의 새로운 맛

아제로스의 새로운 맛
월드 오브 워크래프트 공식 요리책 2

첼시 먼로 카셀

차례

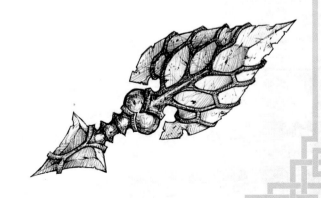

시작하며

안녕하신가, 친구들!

판다리아에서 어린 시절을 보냈을 때, 나는 요리에 대한 모든 것을 배우고 싶었다. 스쳐 갔던 많은 사람이 몇 마디씩 조언을 보태고 레시피들을 주면서 나에게 도움을 주었다. 인내심이 강한 어떤 모험가는 내가 막 요리를 시작했을 때 매일 내게 수업을 해주기도 했다.

내가 판다리아에서 배울 수 있는 모든 것을 배우자 아제로스의 넓은 세계가 나에게 신호를 보내왔다. 잠깐 모험을 떠난 적도 있었는데 알고 보니 모험은 꽤 힘든 것이었다! 나는 요리에 훨씬 더 소질이 있다는 사실을 받아들이게 되었고, 여행 가방을 앞치마로 바꾸고 잠시 달라란에 있는 한 레스토랑에 취직했다. 꾸준히 기술을 연마한 끝에 당신과 같은 모험가들의 도움으로 마침내 한 여관에서 나만의 테스트 키친을 열 수 있었고, 그곳에서 맛있는 음식들을 몇 가지 만드는 단계에 이르렀다.

그런데 말이지, 여관에서는 어떤 일들이 벌어지는지 알고 있는가? 전 세계에서 온 여행객들은 부족한 물자를 채우기 위해 그곳에 들러 친구들과 독한 무언가를 큰 잔에 따라 나눠 마시기도 하고, 때로는 여관에서 일하는 사람들과 수다를 떨기도 한다. 머지않아 나는 세계 각지의 머나먼 곳의 이야기들과 그곳의 음식이나 음료에 대한 매혹적인 설명들을 가끔씩 듣게 되었다.

말할 필요도 없이 이 이야기들은 나의 욕구를 자극했다. 나는 내 진로를 완전히 잘못 설정했다는 것을 깨달았다. 그저 모험을 위해서가 아니라, 음식을 위해 모험의 세계를 바라봐야 했다. 그래서 뭐 굳이 덧붙이자면, 수라마르 시티에서 비전주를 만드는 데 손을 보태며 잠시 시간을 보낸 후 특별한 레시피들을 최대한 많이 발굴하기 위해 길을 떠났다.

여행 중 나는 아제로스 최고의 음식들을 내 주방으로 가지고 오겠다는 바람으로 운고로의 분화구에서 용감하게 싸웠고, 겨울지느러미 멀록들과 친구가 되기도 했다. 순수한 여행자부터 아이언포우 대가에 이르기까지 정말 많은 사람이 나에게 자신들의 음식을 제공했고, 마침내 나는 무언가를 돌려줄 때가 되었다고 결심했다.

그 결과물이 당신의 손에 있는 이 책, 내 인생의 작품이다. 이 요리책은 단순히 맛있는 레시피들로만 채워진 것이 아니라 내가 사귄 친구들과의 추억, 내가 여행했던 생명력 넘치는 땅 그리고 그 과정에서 요리를 만든 사람들이 들려준 흥미진진한 이야기들도 담겨 있다. 새로운 것을 시도해보라. 음식 재료를 새까맣게 태우는 것을, 심지어는 몇 번이나 태우는 것도 두려워하지 말자. 그렇게 우리는 발전하는 것이니까!

어찌 되었든 커다란 알들을 깨뜨려보지도 않고 몬스터 오믈렛을 만들 수는 없다!

—노미

농사 이야기

내가 어렸을 때는 모든 사람과 그들의 삼촌이 농사를 짓고 있는 것처럼 보였다. 언덕골에 나타났던 얼뜨기들이 즙이 많아 아삭한 당근과 분홍색 순무의 차이를 구분하지 못하던 것을 기억한다. 그러나 농부 윤과 농사꾼 연합의 도움으로 계곡의 풍부한 토양 작업이 끝날 무렵에는 그들 중 많은 사람이 제법 능숙한 재배자가 되었다.

그러나 아제로스의 활발한 거래 네트워크에도 불구하고 특정한 지역에서만 나거나 특정한 계절에만 자라는 특별한 재료들은 항상 있을 것이다. 잔달라의 감미로운 꿀(21쪽)이나 듀로타의 선인장 사과, 혹은 어둠땅의 잡기 힘든 엘리시안 매혹어를 생각해보라. 솔직히 서부 몰락지의 코요테 꼬리조차도 그 나름의 명성을 가지고 있다. 비록 나는 그리 좋아하지 않지만.

그러니까 내 말의 요점은 우리가 사용하는 재료가 어디에서 왔는지 아는 것이 중요하다는 것이다. 누군가는 재배하거나 추수하거나 혹은 사냥하는 데 엄청난 노력을 기울였다. 마찬가지로 새로운 것을 시도하는 것을 두려워하지 말자! 내가 산딸기 빵(171쪽)을 처음 맛보았을 때 직접 만드는 법을 배워야 한다는 것을 깨달았던 순간이 기억난다.

요리에서 또 다른 핵심적인 부분은 유연성이다. 어쩌면 우리는 재료 목록 중 어떤 재료들은 현지 경매 가격을 지불하고도 구입하지 못할 수도 있다. 어쩌면 순례자의 감사절 기간 동안에 먹을 충분한 고구마를 비축하지 못했을 수도 있다. 또 어쩌면 고기나 밀가루를 먹지 않을 수도 있고, 알코올이 들어간 음료를 마시지 않을 수도 있다. 어떤 경우에든, 우리가 가진 것을 바탕으로 재료를 대체하는 것은 허용되는 정도가 아니라 권장될 정도다! 각각의 레시피를 당신만의 것으로 만들어라. 그러면 곧 크게 발전하게 될 것이다.

숙련도

자, 나도 한때 그랬지만 이제 막 시작하려고 한다면 가볍게 출발하는 것이 좋다. 이 책에 나와 있다고 해서 가장 어려운 레시피부터 바로 뛰어들지는 말자. 뭔가 망칠 수도 있으니까. 내가 이걸 어떻게 아는지는 물을 필요도 없다! 각 레시피에는 숙련도가 명시되어 있다. 상위 단계로 가기 전에 기초 요리 단계의 레시피부터 시작하는 것을 강력하게 추천한다. 나의 레시피는 대부분의 사람들이 약간의 연습만 하면 꽤 성공적으로 만들 수 있도록 짜여 있지만, 분명 꽤 어려운 레시피들도 간간이 섞여 있다.

참고로 숙련도는 가장 쉬운 수준에서부터 어려운 수준 순으로 나열되어 있다.

기초 요리

수습 요리

숙련 요리

전문 요리

요리의 대가

장소에 대해

요리에 있어 놀라운 점은 대부분 사람들이 움직이는 것보다 레시피가 더 멀리 이동한다는 점이다. 이 책에 나오는 많은 음식이 아제로스 전역에서 만들어진다. 각 레시피에 표시된 장소는 단순히 내가 그 음식들을 알게 된 곳일 뿐이다.

또 다른 요리책에 대해

자, 우리들 중 누군가는 새콤달콤 덩굴월귤 소스, 가을 축제 전통 프렛첼, 더지의 기똥찬 키메로크 찹스테이크와 같은 전통 요리들을 다룬 아제로스를 중심으로 하는 또 다른 요리책을 봤을 것이다. 그 책의 이름은 《월드 오브 워크래프트 공식 요리책World of Warcraft: The Official Cookbook》이다. 얼마나 이상한 이름인가! 내가 요리를 하느라 바쁜 동안 다른 누군가가 아제로스 전역의 고전 레시피들을 이미 모아 놓았다는 걸 알고는 너무나 충격을 받았다. 뭐, 우리가 좋아하는 요리들에 대한 외부인의 해석에 대해서는 의심이 들었지만 그 책을 내 손에, 아니 내 발에 넣고 보니 사실 그 레시피들은 제법 잘 만들어져 있었다!

나는 그 요리책에 나온 레시피들을 직접 요리해보았고 그 맛들이 나의 맛들을 꽤 잘 보완한다는 점을 발견했다. 여기에 목적을 두고 나는 두 책 간의 메뉴 조합 제안을 이 책에 포함시켰고, 그 레시피들이 '또 다른 요리책That Other Book'에서 왔다는 것을 나타내기 위해 "또다요"라 붙이고 이탤릭체로 표기했다(그냥 공식 요리책이라고 불러도 되지만 내가 지은 이름이 더 마음에 든다).

또 일상적으로 활용할 수 있는 메뉴 조합을 담은 편리한 목록을 아래와 같이 정리했다.

에피타이저&스프레드:

깊은땅 뿌리 말랭이(43쪽)

가속의 후무스(161쪽)

두 번 구운 고구마(59쪽)

매콤한 야채 튀김(또다요)

지옥 달걀과 햄(또다요)

시큼한 염소 치즈(또다요)

노미의 메모: 달콤한 게 당긴다면?

바다 소금 커피(173쪽)

다크문 도넛(155쪽)

딱딱한 크래커(또다요)

친절한 모저 씨의 머핀(또다요)

수라마르 향신료 차(53쪽)

노미의 메모: 야보카도를 넣는 것도 좋다.

아침 아이디어:

정신 나간 양조장이의 아침 식사(125쪽)

칼날첨탑 베이글(167쪽)

알 약초구이(또다요)

깊은땅 뿌리 말랭이(43쪽)

알 약초구이(또다요)

볶은 보리차(또다요)

점심 요리:

용암비늘 채소국(27쪽)

짭짤한 바다 크래커(73쪽)

그루멀빵(113쪽)

가속의 후무스(161쪽)

야생 철쭉 떡(또다요)

어둠구덩이 버섯 버거(45쪽)와 감자튀김

스팀휘들 짐마차 폭탄주(69쪽)

구운 치즈 만두(117쪽)
당근 볶음(또다요)

뿌리채소 국(123쪽)
버터듬뿍 밀 롤빵(또다요)과 톡 쏘는 맛의 치즈

저녁 메뉴:

글렌브룩 푸딩(81쪽)
텔드랏실 정통 팥죽과 속 채운 싱싱버섯(또다요)

선원의 파이(83쪽)
게살 케이크와 삶은 조개(또다요)

브루토사우루스 티카(103쪽)
트롤섞었주(105쪽)
밀림덩굴 포도주(또다요)

꿀 바른 고기 파이(153쪽)
황혼의 아몬드 무스(145쪽)
진주 우유차(또다요)

노미의 메모: 이 푸짐한 식사는
나눠 먹기에도 아주 좋다!

아이스크림을 얹은 스테이크(141쪽)
땅콩 맥주빵(115쪽)
저민 장가르 양송이(또다요)
당근 볶음(또다요)

음료와 디저트 메뉴 조합:

임프 칩 쿠키(49쪽)
겨울맞이 에그노그(또다요)

황혼의 아몬드 무스(145쪽)
가시덤불 마티니(109쪽)

쿨 티라미수(95쪽)
바다 소금 커피(173쪽)
몽환사과 파이(143쪽)

캐러웨이 화끈주(177쪽)

바다 소금 커피(173쪽) 또는
겨울맞이 에그노그(또다요)
달라란 초코빵(또다요)

모조히토(107쪽)
고블린 쿠키(또다요)

할라아니 위스키(179쪽) 또는
몰라세스 화주(37쪽)
쌀 푸딩(또다요)

해변의 기사(35쪽)
트위츠의 풍미 넘치는 파이(89쪽) 또는
설탕범벅 꽈배기(또다요)

축제를 버프하라

맛을 페어링하는 것 외에도, 나는 두 요리책에서 발췌한 레시피들을 합쳐 세트 메뉴 몇 가지를 만들어야겠다고 생각했다. 여기에 나온 제안들을 바탕으로 우리의 친구, 가족 그리고 길드원들을 위해 더 크고 더 훌륭하게 명절 축제를 버프할 수 있다. 이것이 바로 내가 팀워크라고 부르는 것이다!

가을 축제

프렛첼과 맥주는 가을 축제의 전통적인 음식이지만 때때로 우리에게는 조금 더 푸짐한 음식에 대한 갈망이 생길 때가 있다. 그럴 때 내 레시피 몇 가지가 도움이 될 것이다!

스팀휘들 짐마차 폭탄주(69쪽)

어둠구덩이 버섯 버거(45쪽)

체더&맥주 딥소스(또다요)

가을 축제 전통 프렛첼(또다요)

다크문 축제

손에 쥐고 먹는 이 음식들은 다크문 축제의 기이한 광경과 이국적인 물건들을 탐험하는 동안 가볍게 먹기에 딱 좋은 간식이다.

놈리건 닭강정(151쪽)

청미래덩굴 퐁당주(157쪽)

다크문 도넛(155쪽)

숲 타조 다리(또다요)

양념 육포(또다요)

핼러윈 축제와 죽은 자들의 날

핼러윈 축제는 전사한 전우를 기리는 죽은 자들의 날 축제와 매우 가깝다. 이 맛있는 음식들로 두 축제를 모두 기념해보자.

망자의 빵(165쪽)

쫄깃한 악마 사탕(67쪽)

지옥 달걀과 햄(또다요)

온누리에 사랑을

이 시기에 부는 산들바람을 타고 다니는 향수와 콜론의 황홀한 향기만으로도 확실히 즐겁겠지만, 여기 있는 이 케이크들 중 하나를 오븐에 넣고 구우면 훨씬 더 군침 돌게 만드는 향기가 느껴질 것이다. 엄청나게 풍요로운 축제를 기념하기 위해 이 음식들을 함께 곁들여보자.

쿨 티라미수(95쪽)

가시덤불 마티니(109쪽)

파티 초콜릿 케이크(또다요)

맛 좋은 초콜릿 케이크(또다요)

판다렌 매실주(또다요)

부드러운 뾰족엄니 스테이크(또다요)

순례자의 감사절

순례자의 감사절 축제에서는 음식을 양껏 먹어도 된다! 그리고 묻기 전에 미리 이야기하는데, 이 메뉴에 2개의 고구마 레시피가 있다는 것을 나도 알고 있다. 안심하라. 두 음식들은 상당히 다르며 내가 좋아하는 뿌리채소의 다양한 활용법을 보여줄 충분한 가치가 있다.

추수절 빵(스틱)(61쪽)

두 번 구운 고구마(59쪽)

고구마 맛탕(또다요)

새콤달콤 덩굴월귤 소스(또다요)

서서히 구운 칠면조(또다요)

양념빵 범벅(또다요)

해적의 날

연중 언제든지 이 메뉴를 뚝딱 만들어서 무법항의 축제 분위기를 집으로 옮겨보라. 각 단계가 끝날 때마다 "항해 중지!"라고 큰 소리로 외치는 것을 잊지 말자.

바다 소금 커피(173쪽)

짭짤한 바다 크래커(73쪽)

선원의 파이(83쪽)

삶은 조개(또다요)

체리 그로그주(또다요)

가르의 운향귤즙(또다요)

돌연변이 물고기 별미(또다요)

기본양념

매운 양념

숙련도: 기초 요리
준비 시간: 5분
분량: 약 1/4컵

알터랙 계곡 – 입맛을 한 방에 돋게 해줄 양념을 찾고 있는가? 그렇다면 여기 당신을 위한 양념 믹스가 있다! 이 믹스에는 당신의 입을 얼얼하게 하여 당신이 식사에 불의 숨결을 내뿜을 것 같게 할 사천 통후추가 들어가 있다. 다용도로 사용이 가능하므로, 오븐에 구운 음식이나 음료 이외에도 고명이나 양념으로 다양하게 활용해보자.

포피시드 … 2큰술

참깨 … 2큰술

말린 다진 마늘 … 1큰술

말린 다진 양파 … 1큰술

굵은 소금 … 2작은술

거칠게 빻은 펜넬시드 … 1작은술

레드페퍼 플레이크 … 1작은술

거칠게 빻은 사천 후추 … 1작은술

밀폐된 작은 병에 모든 재료를 넣고 흔들어서 섞는다.

사용 가능한 요리:

칼날첨탑 베이글(167쪽)

양념한 양파 치즈(57쪽)

정신 나간 양조장이의 아침 식사(125쪽)

놈리건 닭강정(151쪽)

창꼬치 아욹이(47쪽)

스톰윈드 향초

숙련도: 기초 요리
준비 시간: 5분
분량: 약 1/4컵

스톰윈드 – 그 무엇도 입맛 당기는 좋은 허브 믹스를 능가할 수는 없다! 이 믹스는 스톰윈드 시티의 지역 특산물로 주변 지역에서 다양한 레시피에 사용된다. 향이 좋은 말린 허브들의 조합은 가벼운 꽃 향의 기운과 톡 쏘는 후추가 균형 잡혀 있다. 어떤 음식에나 풍미를 더할 수 있기 때문에 개인적으로 이 허브 믹스를 담은 작은 병을 늘 상비하고 있다!

말린 타임 ⋯ 2큰술

말린 마조람 ⋯ 1큰술

말린 세이보리 ⋯ 1큰술

말린 로즈마리 ⋯ 1큰술

말린 라벤더(요리용) ⋯ 1½작은술

백후추 가루 ⋯ 1/4작은술

밀폐된 작은 병에 모든 재료를 넣고 흔들어서 섞는다.

사용 가능한 요리:

붉은마루산 굴라시 스튜(65쪽)

꿀 바른 고기 파이(153쪽)

짭짤한 바다 크래커(73쪽)

형이상학적
향신료 혼합물

숙련도: 기초 요리

준비 시간: 5분

분량: 소량 1회분
(2개의 레시피에 충분히
사용할 수 있는 양)

오리보스 – 아무리 시도해봐도 이 향신료 혼합물에 들어간 모든 미묘한 맛은 절대 알아낼 수가 없어서 나만의 버전을 만들었다! 간편하게 조합할 수 있는 이 혼합물은 다양한 종류의 음식에 훌륭한 맛을 낸다. 살짝 달콤하기도 하고 살짝 짭조름하면서도 약간 톡 쏘는 매운맛과 혀끝에 맴도는 풍미를 가지고 있어 다양한 종류의 레시피에 이 혼합물을 사용할 수 있다.

흑설탕 … 2큰술

말린 세이보리 … 1작은술

시나몬 가루 … 1작은술

파프리카 가루 … 1/2작은술

훈제 소금 … 1/8작은술

밀폐된 작은 병에 모든 재료를 넣고 흔들어서 섞는다.

사용 가능한 요리:

아이스크림을 얹은 스테이크(141쪽)

고요사냥개(133쪽)

육즙이 넘치는 사과 만두(139쪽)

잿불 양념

숙련도: 수습 요리

준비 시간: 5분

분량: 소량 1회분

어울리는 음식:
고요사냥개(133쪽),
글렌브룩 푸딩(81쪽)

레벤드레스 – 나는 잿불 고추를 처음으로 배송받기 전까지 요리에 사용할 수 있는 최고의 고추들에 대해 모두 알고 있다고 생각했다. 잿불 고추는 거의 모든 음식의 수준을 높여주는 엄청난 풍미를 가지고 있다. 그리고 이 소스의 매운맛은 이글이글하게 핀 강렬한 불의 숯덩이처럼 오래 둘수록 서서히 타올라 더욱 강해진다.

직화로 구운 붉은 고추* ⋯ 200g

껍질을 벗긴 마늘 ⋯ 1~2톨

레드페퍼 플레이크 ⋯ 1/4작은술 또는 필요에 따라 그 이상

토마토 페이스트 ⋯ 1작은술

흑설탕 ⋯ 2큰술

모든 재료를 작은 그릇에 넣고 일반 블렌더 또는 핸드 블렌더로 매끈해질 때까지 갈아 퓌레로 만든다. 냉장고에 보관하여 며칠 안에 먹는다.

* 붉은색 고추나 피망을 껍질이 탈 정도로 직화로 구운 후 껍질을 벗긴 것으로, 물이나 기름에 담가 병이나 통조림의 형태로 판매되는 시판 제품도 있다.

육수 분사

숙련도: 수습 요리
준비 시간: 5분
조리 시간: 5분
분량: 1회분
어울리는 음식: 남은 샌드위치

웨이크레스트 저택, 드러스트바 – 육수 분사 주문이 쿨 티라스를 세우는 기간에 일어난 대육수 사건에서 영감을 받았다는 것은 거의 알려지지 않은 사실이다. 나는 마법사이자 소스 요리사인 사무엘과 맞닥뜨리는 불운을 겪은 후 (그리고 이를 통해 폭발할 것 같은 육수를 처음으로 맛보게 된 후) 드러스트바에서 이 레시피를 개발했다. 이 육수는 많은 요리와 잘 어울리는 깊고 그윽한 맛을 가지고 있다!

무염 버터 … 2큰술

마늘(껍질을 벗겨 다지기) … 2~3쪽분

샬롯(껍질을 벗겨 다지기) … 1~2개

밀가루(중력분) … 2큰술

소고기 육수 … 2컵

우스터소스 … 1큰술

소금, 후추 … 기호에 따라 적당량

1. 중간 크기의 소스팬을 중불에 올려 버터를 녹인다. 마늘과 샬롯을 넣은 뒤 부드러워지고 향이 날 때까지 몇 분 정도 익힌다. 밀가루를 넣고 마른 가루기 보이지 않을 때까지 버터와 충분히 섞이도록 1분 정도 더 볶는다.

2. 저으면서 소고기 육수를 천천히 붓고 전체적으로 어느 정도 걸쭉해질 때까지 몇 분 더 가열한다. 우스터소스를 넣고 길쭉한 용기로 옮겨 매끈해질 때까지 핸드 블렌더로 갈아준다. 기호에 맞게 소금과 후추로 간을 하고 따뜻하게 먹는다.

노미의 메모: 순례자의 감사절을 위해 이 육수를 만든다면 서서히 구운 칠면조(또다요)를 만들 때 생긴 고기 기름을 사용해도 된다. 고기 기름을 체에 거르고(필요하다면 닭 육수를 추가해서 넣는다) 소고기 육수 대신 이 레시피에 사용하면 된다.

사용 가능한 요리:

아이스크림을 얹은 스테이크(141쪽)

감미로운 꿀

숙련도: 기초 요리

준비 시간: 5분

대기 시간: 일주일

분량: 1컵

어울리는 음식: 버터 바른 토스트, 핫 토디*

마일든홀 꿀 양조장, 스톰송 계곡 – 이 꿀을 놓고 전투가 벌어졌다는 것은 엄밀히 따지면 사실이 아니지만, 싸움이 일어날 만큼 충분히 훌륭한 맛을 가지고 있다. 이런저런 공급자들로부터 평범한 꿀을 얻을 수도 있지만 감미로운 꿀은 한 번만 맛봐도 특별하다는 것을 알게 될 것이다.

오렌지 또는 레몬 추출액 … 소량

바닐라 농축액 … 소량

생강(얇게 슬라이스하기) … 2.5cm 길이 1마디분

따뜻한 꿀 … 1컵

추출액과 농축액, 생강을 작은 병에 넣고 섞는다. 따뜻한 꿀을 맨 위에 붓고 뚜껑을 덮어 약 일주일간 상온에 둔다. 생강을 걸러내고 장기간 보관한다.

사용 가능한 요리:

로아 빵(99쪽)

트위츠의 풍미 넘치는 파이(89쪽)

까마귀딸기 타르트(91쪽)

노미의 메모: 여기에서 소량은 엄밀히 말하면 1/8작은술이지만 액체를 그렇게 적은 양으로 계량하는 것은 어려우므로 병에서 아주 적은 양만 따른다.

* 술과 물, 꿀, 허브 등을 섞어 뜨겁게 마시는 알코올음료로 핫 위스키라고도 불린다.

칼림도어

위안의 국물

숙련도: 수습 요리
준비 시간: 10분
조리 시간: 30분
분량: 중간 정도 양의
4인분
어울리는 음식:
그루멀빵(113쪽),
소프트 치즈

세나리온 수풀, 잊혀진 땅 – 위안의 국물은 당신의 코도를 진정시킬 정도까지는 못 될지라도, 몸이 안 좋을 때는 이 국물 한 잔이 반갑게 느껴질 것이다. 이 레시피는 세나리온 수풀의 트레사 엠버글렌에게 받은 것으로 풍부한 맛과 푸짐한 국물은 빵, 치즈 조각 등과 완벽하게 어우러지며 깔끔하고 영양가가 풍부하면서도 가벼운 식사를 만들어줄 것이다.

참기름 … 1큰술

당근(대충 썰기) … 2개

셀러리(대충 썰기) … 1줄기

서양 대파의 흰 부분과 녹색 부분(대충 썰기) … 2대

다진 마늘 … 2쪽분

생강(껍질을 벗겨 얇게 슬라이스하기) … 2.5cm 길이 한 마디분

미소 된장 … 2큰술

월계수 잎 … 2장

물 … 6컵

강황 가루와 파프리카 가루 … 넉넉한 1꼬집

소금, 후추 … 기호에 따라 적당량

중간 크기의 소스팬을 중불에 올려 참기름을 두르고 당근, 셀러리, 서양 대파, 마늘을 넣는다. 재료들이 부드러워질 때까지 몇 분간 익힌 후 남은 재료를 넣는다. 뚜껑을 덮고 채소가 모두 부드러워질 때까지 약 30분 정도 익힌다. 국물을 바로 먹을 경우 체에 걸러 깨끗한 냄비에 부어 뜨겁게 낸다. 나중을 위해 보관할 경우 체에 걸러 깨끗한 보관 용기에 넣고 식힌 후 냉장고에 넣는다.

노미의 메모: 이 국물은 자체로도 충분히 마음을 잘 달래주지만 체에 걸러 깨끗한 냄비에 담은 후 오르조(쌀알 모양으로 생긴 파스타의 일종)나 펄 쿠스쿠스(작은 알갱이 모양을 한 파스타의 일종으로 입자가 일반 쿠스쿠스보다는 더 크다)와 같은 작은 파스타를 넣어도 좋다. 좀 더 푸짐하게 만들고자 한다면 월계수 잎은 꺼내서 버리고 국물은 체에 거르지 말고 일반 블렌더나 핸드 블렌더로 채소들과 함께 갈아 퓌레로 만들고 생크림을 조금 넣어준다.

용암비늘 채소국

숙련도: 수습 요리
준비 시간: 5분
조리 시간: 1시간
분량: 4인분
어울리는 음식:
껍질이 딱딱한 시골 빵,
신선한 레몬 조각,
사워크림

울둠 – 자, 용암비늘 메기를 요리하는 요령은 비늘 아래의 부드러운 살을 꺼내는 것이다. 이 생선은 용암 속에서도 살아 있다. 그러니 단순히 모닥불 위에서 이 생선을 요리할 수 있다고 생각한다면 깜짝 놀랄 수도 있다. 그래도 철갑 비늘을 통과하기만 한다면 노력할 만한 가치는 있다!

이 레시피는 불에 구운 붉은 고추가 필요한데 근처 시장에서 쉽게 구할 수 있다. 용암비늘 메기를 구할 수 없다면 대구나 해덕 같은 흰 살 생선을 사용해도 된다.

올리브 오일 … 2큰술

양파(얇게 슬라이스하기) … 1개

다진 마늘 … 2쪽분

닭 육수 … 3컵

불에 구운 붉은 고추 … 200g

다진 토마토 통조림 … 1캔(400g)

펜넬(얇게 슬라이스하기) … 1개, 잎 부분은
장식용으로 보관

흰 살 생선 필레(껍질을 벗기고 깍둑썰기) … 450g

카넬리니 콩 통조림(물에 헹궈 물기 제거하기) … 1캔
(400g)

작은 크기의 주키니 호박(깍둑썰기) … 1개

소금, 후추 … 기호에 따라 적당량

1. 중간 크기의 소스팬을 중불에 올려 가열하고 기름을 두른 후 양파와 마늘을 넣는다. 양파와 마늘이 부드러워질 때까지 몇 분간 익힌다.

2. 토마토의 절반, 닭 육수, 고추를 넣고 매끈해질 때까지 핸드 블렌더로 갈아준다. 만약 핸드 블렌더가 없다면 일반 블렌더에 소량씩 여러 번에 나누어 갈아도 된다.

3. 남은 토마토, 펜넬, 생선, 콩, 호박을 넣고 국물에 향이 배고 호박이 부드러워질 때까지 약 40분간 중약불에서 익힌다. 소금과 후추로 간을 맞추고 펜넬 잎을 올려 장식한다.

노미의 메모: 병에 든 구운 붉은 고추를 구할 수 없다면 그릴에서 직접 굽거나 230℃로 예열된 오븐에서 구워도 된다. 이때는 고추를 약간 태워야 하기 때문에 잘 지켜보고 있어야 한다는 점을 유념하자. 껍질의 표면이 검게 변하고 물집이 생기듯 부풀 때까지 굽는다. 단, 새까만 숯덩이가 될 때까지 구워서는 안 된다!

티굴과 폴로르의 딸기 아이스크림

숙련도: 수습 요리
준비 시간: 10분
대기 시간: 4시간 이상
분량: 넉넉한 6인분
어울리는 음식: 탄산음료, 쇼트케이크, 몰라세스 화주(37쪽)

버섯구름 봉우리 – 여행 중 나는 브리블스워프의 배를 방문하여 그의 성장 중인 아이스크림 제국에 대해 신나는 대화를 나누었다. 그는 친절하게도 나에게 이 기본 바닐라 아이스크림 레시피를 공유해줬지만 실례를 무릅쓰고 그의 레시피를 손봐서 딸기와 바나나가 들어가는 나만의 버전을 만들었다. 당신 역시 자신만의 추가 재료를 넣어 자유롭게 실험해보는 것도 좋다!

생크림 … 2컵

가당연유 … 400g

바닐라 농축액 … 1작은술

소금 … 1꼬집

추가 재료(아래 참조)

사용 가능한 요리:

청미래덩굴 퐁당주(157쪽)

브리블스워프의 사각사각 막대 아이스크림(31쪽)

노미의 메모: 재료들을 골고루 섞으려면, 휘핑한 크림과 연유 믹스가 전체적으로 모두 섞일 때까지 스패츌러를 사용해 혼합물을 부드럽게 들어 올렸다가 접고 다시 뒤집는 방식으로 섞는다.

1. 큰 믹싱볼에 생크림을 넣고 핸드 믹서로 젓거나, 거품기 날이 부착된 반죽용 믹서의 믹싱볼에 생크림을 넣고 단단한 뿔이 생길 때까지 휘핑한다. 오래 걸려봐야 몇 분 정도면 된다.

2. 작은 믹싱볼에 가당연유, 바닐라, 소금을 넣고 섞는다. 다른 맛을 추가할 경우 이때 넣고 섞으면 된다.

3. 2의 혼합물을 1의 휘핑한 크림에 넣고 공기를 최대한 유지하며 휘핑해둔 크림과 섞는다. 이 전체 혼합물을 새 믹싱볼 또는 냄비에 넣고 최소 4시간 또는 하룻밤 동안 냉동실에서 얼린다.

4. 먹을 준비가 되면 아이스크림을 10분 정도 상온에 꺼내두어 살짝 부드럽게 만든 뒤 스쿱으로 푼다.

아래 버전을 만들려면 위의 레시피를 따르되 이 재료들을 먼저 가당연유와 섞은 후 휘핑해둔 크림과 섞는다.

딸기 버전: 깍둑썰기한 생딸기 280g, 발사믹 식초 1작은술

바나나 버전: 껍질을 벗겨 깍둑썰기한 바나나 2개, 시나몬 가루 1꼬집

브리블스워프의 사각사각 막대 아이스크림

숙련도: 전문 요리

준비 시간: 20분

대기 시간: 3시간 이상 또는 하룻밤

분량: 24개

어울리는 음식: 바다 소금 커피(173쪽)

버섯구름 봉우리 – 매력 넘치는 이 디저트의 가장 정통적인 버전은 실리시드의 껍데기로 바삭바삭한 맛을 내지만 많은 사람이 실리시드 몇 마리 잡을 시간도, 마음도 없기에 획기적인 창작을 하기로 했다. 곤충들은 견과류 같은 맛을 가지고 있기 때문에 껍데기의 바삭함 대신 견과류를 조금 넣었는데 이런 말을 해도 될지 모르겠지만 이는 썩 효과적인 대체 재료라고 할 수 있다!

허니 로스트 땅콩 ⋯ 1컵 반과 반 컵으로 나누기

부드러운 대추야자(반으로 갈라 씨 제거하기) ⋯ 8개

그래놀라 ⋯ 1/2컵

꿀 ⋯ 1~2큰술

얼리지 않은 티굴과 폴로르의 딸기 아이스크림 바나나 맛(29쪽) ⋯ 1회분

다크 초콜릿칩 ⋯ 225g

1. 푸드 프로세서에 땅콩 1컵 반과 대추야자, 그래놀라, 꿀을 넣고 고운 농도가 될 때까지 펄스 모드로 끊어가며 섞는다. 작은 베이킹 그릇에 유산지를 깔고 이 혼합물을 고르게 펴서 베이스 층을 만든다.

2. 29쪽을 참고하여 티굴과 폴로르의 딸기 아이스크림 1회분을 만든 후 아이스크림을 베이스 층 위에 펴준다. 최소 4시간 혹은 하룻밤 정도 냉동실에 둔다.

3. 막대 아이스크림을 마무리하기 위해 초콜릿은 전자레인지에 넣고 30초씩 끊어가며 녹이고, 남은 땅콩은 대충 다지거나 부순다. 아이스크림을 냉동실에서 꺼내 큰 칼로 네모나게 자른 다음 그 위에 녹인 초콜릿을 뿌린다. 초콜릿이 여전히 따뜻할 때 땅콩을 추가로 좀 더 뿌린다.

노미의 메모: 이 레시피의 수준을 한 단계 끌어올리려면, 초콜릿 층 위에 캐러멜을 살짝 뿌려보자!

벨라라의 땅콩초코바

오그리마 – 이 맛있는 초코바는 핼러윈 축제 때 즐겨 먹는 전통적인 간식으로, 주요 도시들에서 볼 수 있다. 쫄깃한 견과류 베이스와 깊은 맛의 초콜릿 토핑으로 이루어진 이 초코바는 아이들이나 어른들 모두에게 사랑을 받는다.

숙련도: 숙련 요리
준비 시간: 25분
식힘 시간: 1시간
분량: 약 24개
어울리는 것과 음식:
얼음처럼 차가운 우유,
애플 보빙*

무염 버터 … 3큰술 + 조금(팬에 바를 용도)

튀긴 쌀 시리얼 … 4컵

부순 프레첼 조각 … 2컵

미니어처 마시멜로 … 280g

크런치 피넛버터 … 3/4컵

약간 단 초콜릿칩 … 225g

노미의 메모: 전자레인지를 사용하는 것이 내키지 않는가? 초콜릿을 녹이는 데 어려움을 겪는 셰프 지망생이라면 시도해볼 만한 다른 방법도 있다. 작은 냄비에 물을 2.5cm 높이로 붓고 그 위에 큰 금속 또는 유리 믹싱볼을 올려서 중탕냄비를 만들면 된다. (믹싱볼은 팬의 가장자리에 잘 얹혀져야 하며 물에 닿아서는 안 된다.) 믹싱볼에 초콜릿칩을 모두 넣고 물이 보글보글할 정도로 끓인다. 초콜릿이 모두 녹을 때까지 가끔씩 저어준다.

1. 알루미늄 포일을 잘라 가볍게 버터를 바른 후 측면이 높게 올라오는 23cm 또는 25cm 크기의 사각 베이킹 틀 안에 깔고 한쪽에 둔다. 이와는 별도로 큰 내열 믹싱볼에 튀긴 쌀과 부순 프레첼 조각을 넣고 섞은 후 한쪽에 둔다.

2. 중간 크기의 소스팬을 중불에 올려 버터 3큰술을 녹인다. 마시멜로를 넣고 완전히 녹을 때까지 계속 젓는다. 피넛버터를 넣고 혼합물이 매끈해질 때까지 저은 후 불에서 내린다.

3. 마시멜로 혼합물을 마른 재료가 담긴 그릇에 붓고 부드럽고도 재빠르게 마른 재료에 골고루 입혀질 때까지 함께 젓는다. 이렇게 섞은 혼합물을 준비해둔 베이킹 틀에 넣고 가볍게 버터를 바른 손이나 숟가락을 이용해 같은 높이가 되도록 누른다. 초콜릿 토핑을 만드는 동안 이 틀은 한쪽에 둔다.

4. 작은 그릇에 초콜릿칩 140g을 붓는다. 한 번에 30초씩 짧게 끊어가며 초콜릿이 완전히 녹고 꽤 뜨거워질 때까지 전자레인지에서 녹이되 30초마다 저어준다. 남은 초콜릿도 녹을 때까지 넣고 저은 후 베이킹 틀에 있는 시리얼-프레첼 혼합물 위에 부어 같은 높이가 되도록 펴준다. 약 1시간 동안 식힌 후 초코바를 들어 올려 틀에서 분리한다. 포일을 벗겨 큰 도마 위에 놓고 네모나게 자른다.

* 미국 등 핼러윈 축제를 즐기는 지역에서 하는 놀이로, 물이 담긴 커다란 대야에 사과를 넣고 손을 쓰지 않고 입으로 사과를 건져 올리는 놀이다.

해변의 기사

숙련도: 수습 요리
준비 시간: 5분
분량: 1인분
어울리는 음식:
짭짤한 스낵 믹스

타나리스 – 언젠가 나는 타나리스에서 피즈그림블이라는 이름의 여관 주인과 친구가 되었는데, 긴 하루가 다 끝날 때쯤 그가 나를 위해 이 술을 만들어주었다. 이 술은 매우 훌륭해 우리가 고블린의 마을에서 흔히 느낄 수 있는 윙윙거리고 부산스러운 기계들에 둘러싸인 게 아니라 눈부신 햇살이 내리쬐는 어느 평화로운 바닷가에 있다는 상상을 하게 만들었다.

테킬라 … 2큰술

피치 슈냅스 … 2큰술

오렌지 주스 … 4큰술

석류 주스 … 4큰술

라임 조각(장식용)

테킬라와 피치 슈냅스, 오렌지 주스를 칵테일 셰이커에 넣고 잘 흔들어 섞는다. 얼음을 채운 하이볼 잔에 석류 주스를 넣은 후 그 위에 오렌지 주스 혼합물을 붓는다. 생라임 조각을 올려 장식한다.

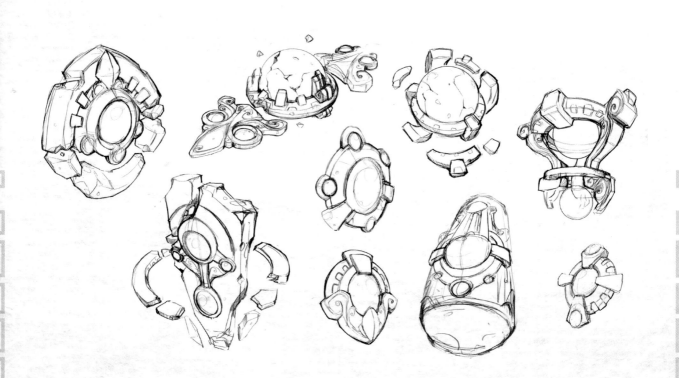

몰라세스 화주

숙련도: 수습 요리
준비 시간: 5분
대기 시간: 48시간
분량: 작은 병 1병, 다인분
어울리는 음식:
티굴과 폴로르의
딸기 아이스크림(29쪽)

혈투의 전장 – 아무리 몸집이 크고 나쁜 싸움꾼이라고 해도 때로는 자기 전에 한 잔의 술이 필요할 때가 있다. 나는 이 레시피를 혈투의 전장 투기장에서 은퇴한 천둥발 크리그로부터 손에 넣었다. 천둥발처럼 불타는 듯한 이 리큐어는 대단한 한 방을 가지고 있지만 작은 잔에 담아 마시면 훌륭한 식후주가 된다.

다진 생강(껍질 벗기기) ⋯ 1/3컵

작은 시나몬 스틱 ⋯ 1개

작은 오렌지 껍질 ⋯ 1개분

정향 ⋯ 3개

바닐라 농축액 ⋯ 한 방울

당밀 ⋯ 1/2컵

물 ⋯ 1/2컵

흑설탕 ⋯ 2큰술

브랜디 ⋯ 1컵

럼주 ⋯ 1/2컵

1. 럼주와 브랜디를 제외한 모든 재료를 작은 소스팬에 넣고 중불에 올려 뭉근하게 끓인다. 5분 정도 끓인 후 입구가 넓은 병에 모두 붓는다. 여기에 브랜디와 럼주를 넣고 느슨하게 뚜껑을 덮어 48시간 동안 담가둔다. 체에 걸러 깨끗한 병에 넣고 어두운 곳에 보관한다.

2. 이 음료는 처음에는 꽤 톡 쏘는 맛이 나지만 일주일 정도 더 숙성시키면 부드러워진다.

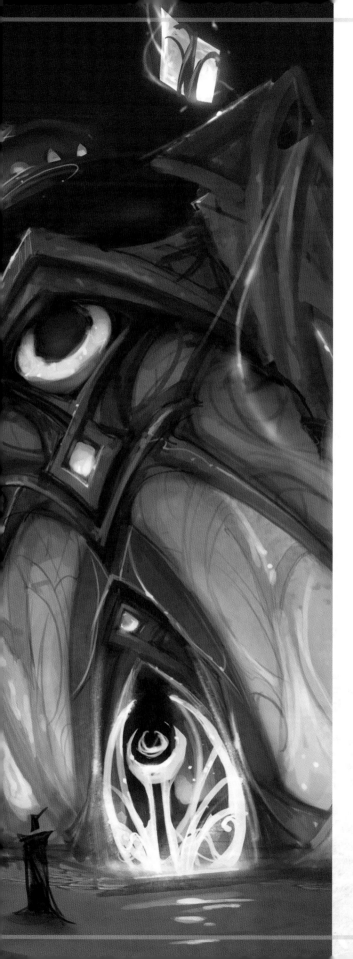

부서진 섬

코코아 납작빵

수라마르 – 내가 수라마르에 있을 때 우연히 발견한 이 납작빵은 부서진 섬 대부분의 장소들처럼 색이 어둡고 우울하지만 이 때문에 흥미를 잃지는 말라. 이 납작빵은 맛있고 영양가가 풍부한 메밀이 가득 들어가는데, 우리가 좋아하는 살짝 단맛이 나는 시럽을 뿌려주면 달콤하고 완벽해진다.

숙련도: 수습 요리
준비 시간: 10분
조리 시간: 15분
분량: 작은 크기로 약 10개
어울리는 음식: 신선한 과일, 휘핑한 생크림, 메이플 시럽 또는 꿀

메밀가루 … 1컵

무가당 코코아 가루 … 1/3컵

흑설탕 … 3큰술

베이킹파우더 … 1작은술

시나몬 가루 … 1/2작은술

소금 … 1꼬집

버터밀크 … 1컵

당밀 … 3큰술

달걀(특란) … 1개

바닐라 농축액 … 1작은술

녹인 무염 버터 … 3큰술

1. 모든 마른 재료를 중간 크기의 믹싱볼에 넣고 섞는다. 남은 재료들을 넣고 매끈하게 완전히 섞일 때까지 휘젓는다.

2. 바닥이 코팅 된 프라이팬을 중약불에 올려 달군다. 소량의 납작빵 반죽(약 1/4컵)을 프라이팬에 떨어뜨린다. 1~2분 후 납작빵의 중간에 거품이 자잘하게 생기면 뒤집어서 반대 면도 1분 정도 더 익힌다. 남은 반죽도 같은 방법으로 굽고 따뜻하게 내놓는다.

깊은땅 뿌리 말랭이

높은산 – 높은산에서 소매치기를 하면 제 발로 싸움에 휘말리게 되는 셈이라 쓰레기 말고는 얻는 게 없을 것이다! 다른 사람에게서 훔치는 것보다는 이 맛있는 간식을 처음부터 직접 만드는 것이 낫다. 바삭하고 짭짤한 이 별미의 꽈배기를 한 입 베어 먹으면 제대로 된 선택을 했다는 것을 알게 될 것이다.

숙련도: 숙련 요리
준비 시간: 15분
베이킹 시간: 15분
분량: 약 24개
어울리는 음식: 육류와 치즈의 에피타이저용 스프레드, 뿌리채소 국 (123쪽)

무염 버터 … 2큰술

큰 샬롯(다지기) … 1개

양송이버섯(슬라이스하기) … 1/2컵

발사믹 식초 … 1작은술

호두(대충 다지기) … 1/4컵

강판에 간 파르메산 치즈 … 2큰술

냉동 퍼프 페이스트리 시트(480g, 해동하기) … 1장

풀어놓은 달걀(특란, 달걀물 용도) … 1개

1. 중불에 프라이팬을 올리고 버터를 녹인 후 샬롯이 부드러워질 때까지 볶는다. 여기에 버섯을 넣고 부드러워질 때까지 몇 분 정도 더 익힌다. 불에서 내리고 푸드 프로세서에 발사믹 식초, 호두, 파르메산 치즈를 넣고 꽤 매끈해질 때까지 펄스 모드로 끊어가며 갈아준다.

2. 오븐을 95°C로 예열하고 2개의 베이킹 시트에 유산지를 깐다. 밀가루를 살짝 뿌린 유산지 위에 해동된 퍼프 페이스트리를 올려 넓게 펴준다. 버섯 필링을 퍼프 페이스트리 위에 올려 가장자리까지 고르게 가도록 조심스럽게 펴준다.

3. 잘 드는 칼이나 피자 커터로 반죽을 1.3cm 정도의 넓이로 가늘게 자른다. 길게 자른 페이스트리 조각의 양쪽 끝을 잡고 서로 반대 방향으로 꼬아서 와인 병의 코르크를 뽑는 오프너 모양으로 만든 다음 준비해둔 베이킹 시트 위로 옮긴다. 윗부분에 풀어둔 달걀을 붓으로 바르고 노릇한 황갈색이 되면서 부풀어 오를 때까지 약 15분간 굽는다. 1~2분 정도 식힌 후 내놓는다. 만든 당일에 먹는 것이 가장 좋다.

어둠구덩이 버섯 버거

숙련도: 숙련 요리

준비 시간: 5분

대기 시간: 10~15분

조리 시간: 10~15분

분량: 4인분

어울리는 음식: 감자튀김,
청미래덩굴 퐁당주(157쪽)

높은산 – 나는 거미를 정말 싫어한다. 아제로스의 가장 맛있는 레시피를 위한 것이라고 하더라도 그런 끔찍한 생명체와 마주칠 엄두도 내지 못한다. 다행히도 나는 이 육즙 풍부한 버거를 나에게 가져다줄 강인한 모험가를 고용할 수 있었다. 이 맛있는 음식이 완전히 버섯으로만 만들어졌다면 믿을 수 있겠는가? 어떻게 이런 맛이 나는지!

큰 포토벨로 버섯(기둥 제거하기) … 4개

엑스트라 버진 올리브 오일 … 1/4컵

참기름 … 1큰술

마늘(으깨거나 곱게 다지기) … 1쪽분

호스래디시 … 1작은술

우스터 소스 … 1큰술

간장 … 1큰술

땅콩 맥주빵(115쪽) 또는 기타 버거빵 … 4개

토마토, 양상추, 양파, 치즈, 소스 등 원하는 토핑

1. 오븐을 190℃로 예열하고 버섯을 작은 베이킹 시트 위에 놓는다.

2. 엑스트라 버진 올리브 오일, 참기름, 마늘, 호스래디시, 우스터 소스, 간장을 섞어 마리네이드를 만들고 향이 배어들 때까지 10~15분간 둔다.

3. 붓을 사용해 버섯의 윗면과 아랫면에 마리네이드를 넉넉히 바른 후 짙은 색이 되면서 부드러워질 때까지 약 10~15분간 오븐에서 굽는다.

4. 버거빵을 반으로 갈라 한쪽 면에 버섯을 올리고 선택한 토핑과 함께 바로 식탁에 올린다.

노미의 메모: 마리네이드하는 시간이 길어지면 맛이 훨씬 더 진해진다!

창꼬치 아옮이

높은산 – 차세대 어린 멀록들을 위한 완벽한 자양물로 가득 찬 이 레시피는 분명 아옮옮옮한 소리를 낼 정도로 맛있다! 맛있는 소스에 버무려진 부드러운 국수와 두툼한 생선 살은 틀림없이 우리의 입을 즐겁게 해줄 간편한 음식이 될 것이다.

숙련도: 수습 요리
준비 시간: 5분
조리 시간: 15분
분량: 2인분
어울리는 음식: 청경채와 같은 녹색 채소볶음

물 … 1컵

옥수수 전분 … 2큰술

간장 … 1/4컵

꿀 … 3큰술

다진 생강 … 1/2작은술

마늘(곱게 다지기) … 1쪽분

참치 통조림(약 140g) … 1캔

매운 양념(16쪽) … 1/2작은술

참깨 … 1큰술

생우동면 … 200g

1. 중간 크기의 프라이팬을 중불에 올려 물, 옥수수 전분, 간장, 꿀, 생강, 마늘을 넣고 함께 휘저어 섞는다. 중간중간 저으면서 혼합물이 걸쭉해질 때까지 가열한다. 참치, 매운 양념, 참깨를 넣고 저은 후 우동을 익히는 동안 따뜻하게 보관한다.

2. 별도의 냄비에 우동면이 잠길 정도의 충분한 물을 넣고 포장지에 적힌 대로 면을 익힌다. 그릇에 담을 준비가 되면 면을 두 그릇에 나누어 담고 참치 소스를 숟가락으로 떠서 올린다. 원하면 매운 양념을 약간 더 올려도 된다.

노미의 메모: 이것은 이 레시피의 가장 기본적인 버전인데, 이 말은 나만의 버전으로 변형시킬 수 있는 훌륭한 베이스가 된다는 의미다. 내가 좋아하는 추가 재료들로는 작은 새우, 죽순, 얇게 썬 대파 등이 있다.

임프 칩 쿠키

숙련도: 수습 요리
준비 시간: 10분
조리 시간: 12분
분량: 약 18개
어울리는 음식:
차가운 우유 한 잔

아즈스나 – 정확하게는 어린 말썽꾸러기들이 가장 좋아하지만, 이 쿠키는 판다리아부터 혼돈의 소용돌이에 이르기까지 함께 나누어 먹었던 모든 사람에게서 히트를 쳤다. 입 안에서 녹는 초콜릿 덩어리와 생강의 찡한 맛을 가진 이 쿠키는 오븐에서 막 꺼내 따뜻할 때 먹으면 더욱 맛있다.

부드럽게 해둔 무염 버터 ⋯ 8큰술

설탕 ⋯ 1/2컵

달걀(특란) ⋯ 1개

바닐라 농축액 ⋯ 한 방울

무가당 코코아 가루 ⋯ 1/4컵

시나몬 가루 ⋯ 1작은술

카옌페퍼 ⋯ 1꼬집

베이킹 소다 ⋯ 1/2작은술

소금 ⋯ 1꼬집

밀가루(중력분) ⋯ 1½컵

약간 단 초콜릿칩 ⋯1/2컵

다진 생강 편강 ⋯ 1~2큰술

1. 오븐을 175℃로 예열하고 2개의 베이킹 시트에 유산지를 깐다.

2. 큰 믹싱볼에 버터와 설탕을 넣고 매끈한 크림처럼 될 때까지 휘젓는다. 달걀과 바닐라를 넣고 섞다가 코코아 가루, 시나몬 가루, 카옌페퍼를 넣고 섞는다. 그런 다음 베이킹 소다, 소금, 밀가루를 넣고 부드러운 반죽이 만들어질 때까지 혼합한다. 마지막으로 초콜릿칩과 생강을 넣고 섞는다. 반죽용 믹서를 사용할 경우에는 기계를 멈추고 초콜릿칩과 생강을 넣은 후 손으로 섞는다.

3. 반죽을 1~2큰술 크기로 떠서 동그랗게 빚는다. 동그랗게 빚은 반죽을 준비된 베이킹 시트에 5cm 정도의 간격을 두고 올린다. 가장자리가 갈색으로 변하기 시작할 때까지 약 12분간 굽는다. 베이킹 시트 위에서 1~2분 정도 식힌 후 식힘망으로 옮겨 마저 식힌다.

룬나무 아쿠아비트

숙련도: 기초 요리

준비 시간: 5분

우리는 시간: 3~4일

분량: 1회분, 약 4컵

어울리는 것: 든든한 식사나 삼림지대 하이킹 후 휴식

용맹의 전당 – 스톰하임의 특산품인 이 증류주는 활력을 찾기 위해 마시는 것으로 의심의 여지가 없다. 특히 푸짐한 식사를 한 후에 한 모금만 마셔도 기분이 상쾌해지고 삶에 어떤 일이 닥쳐도 준비되어 있다는 느낌을 줄 것이다. 용맹의 전당에 있는 잔치 테이블에는 결코 마르지 않는 아쿠아비트가 담긴 잔이 있다고 한다.

코리앤더 시드 … 3작은술

카다멈 홀 … 2작은술

캐러웨이 시드 … 1작은술

정향 … 2개

딜 … 1줄기

보드카 … 4컵

1. 절구에 향신료들을 넣고 절굿공이로 가볍게 빻은 후 딜, 보드카와 함께 크고 깨끗한 병에 붓는다. 가끔씩 흔들어주면서 며칠간 우린 후 체에 걸러 깨끗한 병에 담는다.

2. 정말로 진한 맛을 원한다면 길게는 2주까지 우려도 된다. 어떤 모험가들은 꿀이나 설탕을 넣어 살짝 달게 만든 것도 좋아한다. 자신의 기호에 자유롭게 맞춰보자!

수라마르 향신료 차

숙련도: 수습 요리

준비 시간: 5분

우리는 시간: 5분

분량: 2인분

어울리는 음식:
견과류 혼합물,
몽환사과 파이(143쪽)

달라란 – 가볍고 상쾌한 이 고대 칼도레이 차 레시피는 최근 키린 토 마법사들과 함께 인기를 끌고 있는데, 마법사들은 이 레시피가 자신들의 마법 주문에 필요한 신비로운 힘을 회복시켰다고 주장했다. 일부 선원들이 차용해 변형한 이 차의 또 한 가지 버전에는 자신들이 바다에 있을 때를 위해 신선한 사과 대신 말린 사과가 사용된다.

말린 사과칩 또는 말린 과일 휴대식량(163쪽) … 1/2컵

캐모마일 티백 … 1팩

녹차 티백 … 1팩

시나몬 스틱 … 1개 + 조금(장식용)

생강 편강 … 1큰술

사과 슬라이스(장식용, 선택 사항)

중간 크기의 내열 용기에 모든 재료를 넣고 섞는다. 끓는 물 2½컵을 붓고 5분간 우린다. 체에 걸러 깨끗한 머그잔에 붓고 원한다면 사과 슬라이스와 시나몬 스틱으로 장식한다.

동부 왕국

양념한 양파 치즈

숙련도: 수습 요리
준비 시간: 10분
조리 시간: 15~20분
분량: 1회분, 간식용으로 약 4~6인분
어울리는 음식: 크래커 또는 베이글칩, 채소 스틱, 깊은땅 뿌리 말랭이(43쪽)

검은바위 나락 – 향신료, 양파, 치즈는 그 자체로도 맛있지만 이것들을 합치면, 와우! 특별한 무언가가 만들어진다. 이 디핑 소스는 검은바위 산 아래 흐르는 용암 구덩이보다 살짝 덜 매운 정도로, 녹인 형태의 감칠맛 나는 간식용 소스다. 솔직히 말하자면 처음 두어 번 레시피 테스트를 하며 만든 것은 재료를 적어두기도 전에 사라졌다!

체더 또는 페퍼잭 치즈(강판에 갈아서 준비) … 280g

크림치즈 … 115g

마늘 … 2~3쪽

큰 샬롯(대충 다지기) … 1~2개

매운 양념(16쪽) … 2큰술

함께 곁들일 크래커와 채소 스틱

1. 오븐을 190°C로 예열한다.

2. 토핑용으로 일부는 남겨놓고 강판에 간 치즈, 크림치즈, 마늘, 샬롯을 푸드 프로세서에 넣은 뒤 혼합물이 고르게 다져질 때까지 펄스 모드로 다져준다. 이 혼합물을 중간 크기의 오븐용 그릇에 옮겨 담고 그 위에 매운 양념을 뿌린 후 남은 치즈를 올린다. 치즈가 녹아 보글보글거릴 때까지 약 15~20분간 굽는다. 선택한 스낵과 함께 만든 즉시 식탁에 올린다.

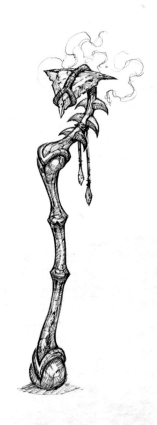

두 번 구운 고구마

숙련도: 숙련 요리
준비 시간: 15분
조리 시간: 50분
분량: 4~6인분
어울리는 음식: 구운 칠면조

아이언포지 – 아제로스나 그 주변에서 순례자의 감사절 절반만큼이나 축제 가치가 있는 휴일은 없다. 세간에 떠도는 명절 음식 레시피는 많지만 이것이 내가 개인적으로 가장 좋아하는 것들 중 하나다. 짭조름한 베이컨과 고구마를 섞는 과정은 이 음식을 매우 부드럽고 특별한 요리로 만들어준다.

고구마(껍질을 벗기고 깍둑썰기) … 4개

올리브 오일

흑설탕 … 1큰술

녹인 무염 버터 … 2큰술

생크림 … 2큰술

오렌지 농축액 … 한 방울

메이플 시럽 … 2큰술

달걀(특란) … 1개

소금 … 1꼬집

구워서 잘게 부순 베이컨(약 4~5장) … 1/2컵

1. 오븐을 205°C로 예열하고 베이킹 시트에 유산지를 깐다. 고구마를 올리브 오일로 살짝 버무려 부드러워질 때까지 30분 정도 익힌다. 오븐에서 고구마를 꺼내고 온도를 175°C로 낮춘다.

2. 고구마를 중간 정도 크기의 믹싱볼에 옮겨 담는다. 흑설탕, 버터, 생크림, 오렌지 농축액, 메이플 시럽, 달걀, 소금을 넣고 매끈해질 때까지 핸드 블렌더로 갈아준다. 이 혼합물을 큰 별 모양 깍지가 끼워진 짤주머니에 옮겨 담는다.

3. 실리콘 또는 유산지를 깐 큰 베이킹 시트를 준비한다. 준비된 시트 위에 익힌 베이컨을 5cm 정도의 간격을 두고 약 1큰술씩 더미처럼 쌓는다. 각 베이컨 더미 위로 베이컨을 완전히 덮으면서 작은 소용돌이 모양으로 고구마 혼합물을 1/4컵 분량씩 짠 후 갈색으로 변하기 시작할 때까지 약 20분간 굽는다. 접시에 옮겨 담고 따뜻할 때 먹는다.

추수절 빵(스틱)

숙련도: 숙련 요리

준비 시간: 10분

대기 시간: 1시간 30분

굽는 시간: 12분

분량: 40~50개의 스틱

어울리는 음식: 뜨거운 수프, 햄과 같은 절인 고기, 치즈

아이언포지 – 풍년을 축하하는 축제들은 아제로스의 많은 지역과 문화에서 찾아볼 수 있다. 이 레시피가 어디에서 유래했는지는 아무도 모르지만 스톰윈드와 아이언포지에서 추수감사제 때 주로 먹는 음식이다. 톡 하고 부러지는 이 빵 스틱들은 간식으로 먹기에 매우 좋고, 겨울 내내 우리와 함께할 건강에 좋은 밀에 대한 경의를 표하는 음식이기도 하다.

미지근한 물 … 3/4컵

올리브 오일 … 2큰술

설탕 … 1큰술

소금 … 1작은술

다진 말린 마늘 … 1/4작은술

강판에 간 파르메산 치즈 … 1큰술

인스턴트 이스트 … 2작은술

밀가루(중력분) … 3컵

달걀(특란, 물을 조금 넣고 풀어주기) … 1개

씨앗 혼합물(포피시드, 참깨 등) … 1큰술

1. 중간 크기의 믹싱볼에 물, 올리브 오일, 설탕, 소금, 마늘, 파르메산 치즈, 이스트를 넣고 섞는다. 너무 끈적거리지 않을 정도의 부드러운 반죽이 만들어질 때까지 밀가루를 조금씩 넣는다. 이 반죽을 밀가루를 살짝 뿌린 작업대 위에 올리고 반죽을 누르면 다시 튀어 올라올 때까지 몇 분간 치댄다. 반죽을 한쪽으로 옮겨 20분간 휴지시킨다.

2. 빵 스틱으로 성형할 준비가 되면 반죽을 반으로 나눈다. 반으로 나눈 반죽 하나를 직사각형(20×30cm)이 되도록 0.6cm 두께로 민다. 반죽에 풀어둔 달걀을 붓으로 바르고 반죽의 아래쪽 2/3 부분에 씨앗 혼합물의 절반을 뿌린다. 잘 드는 칼이나 피자 커터를 사용해 반죽의 짧은 쪽 방향으로 폭이 1.2cm를 넘지 않도록 길게 자른다. 이 스틱들을 베이킹 시트 위에 올린다. 남은 반죽도 똑같은 과정을 반복한 후 부풀어 오를 때까지 약 1시간 동안 둔다.

3. 오븐을 220℃로 예열한다. 주방 가위를 사용해 빵 스틱의 윗부분(씨앗이 묻지 않은 부분)을 밀의 대 모양과 비슷한 모양이 되도록 칼집을 넣는다. 빵 스틱이 황금색으로 변할 때까지 약 12분간 굽는다. 베이킹 시트에서 옮겨 식힌다.

원기충전 말불버섯

언더시티, 티리스팔 숲 – 티리스팔 숲의 언더시티는 동부 왕국에서 맛있는 레시피를 수집할 거라고 결코 기대하지 못했던 곳들 중 하나였지만, 오히려 모험적인 식객이 된다는 것이 정말로 보람 있는 일이라는 것을 증명해 준 곳이 되었다!

숙련도: 전문 요리

준비 시간: 20분

조리 시간: 50분

분량: 약 18개

어울리는 음식: 화이트 와인, 채소 피클

퍼프볼용:

우유 … 1컵

가염 버터(잘게 자르기) … 8큰술

밀가루(중력분) … 1컵

달걀(특란, 실온 상태) … 4개

머스터드 가루 … 1작은술

강판에 간 체더치즈 … 2컵

신선하게 간 후추 … 1/2작은술

필링용:

아보카도(씨 제거하기) … 2개

부드럽게 해둔 크림치즈 … 115g

올리브 오일 … 1~2큰술

파프리카 가루 또는 카옌페퍼(선택 사항) … 1꼬집

퍼프볼 만드는 법:

1. 오븐을 190℃로 예열하고 2개의 베이킹 시트에 유산지나 실리콘 매트를 깐다.

2. 작은 소스팬에 우유와 버터를 넣고 중불에 올려 버터가 녹고 우유에서 김이 날 때까지 가열한다.

3. 불에서 내린 후, 밀가루를 넣고 덩어리가 남지 않을 때까지 섞는다. 다시 불에 올린 뒤 반죽이 약간 건조해 보이고 팬 바닥에 밀가루가 한 겹 정도 눌어붙을 때까지 가끔씩 저어준다. 이 반죽을 중간 크기의 믹싱볼로 옮긴다.

4. 핸드 믹서를 중속으로 하여 한 번에 달걀을 하나씩 넣으며 반죽한다. 머스터드와 치즈, 후추를 넣고 반죽이 매끈해질 때까지 계속 섞는다.

5. 준비된 베이킹 시트 위에 5cm 정도의 간격으로 2큰술 분량의 반죽 덩어리를 숟가락으로 떠서 올린다. 베이킹 시트를 한 번에 하나씩 오븐에 넣고 퍼프볼의 색이 황금색이 도는 갈색으로 변하고 단단해질 때까지 약 25분간 굽는다. 절대적으로 필요한 상황이 아닌 한 오븐 문을 열지 않는다.

필링 만드는 법:

6. 아보카도와 크림치즈를 블렌더에 넣고 필요에 따라 올리브 오일을 조금씩 넣어가며 아주 매끈해질 때까지 섞어 무스를 만든다. 향신료들을 사용할 경우 같이 넣고 짤주머니에 담는다.

7. 퍼프볼이 다 구워져 식으면 윗부분을 잘라내서 무스를 약간 넣어 채우거나 각 퍼프볼에 짤주머니의 노즐을 찔러 넣는 방식으로 무스를 채운다. 바로 식탁에 올린다.

노미의 메모: 숟가락으로도 무스 필링을 퍼프볼에 쉽게 떠 넣을 수 있다.

붉은마루산 굴라시 스튜

숙련도: 수습 요리

준비 시간: 5분

조리 시간: 30분

분량: 4인분 이상

어울리는 음식:
사워크림, 파스타 또는 밥,
겉이 딱딱한 갓 구운 빵

스톰윈드 – 어떤 사람들은 정말 걸쭉한 굴라시를 선호하지만, 나는 가벼운 식사를 위해 국물이 조금 더 있는 굴라시를 좋아한다. 이 레시피는 내가 스톰윈드를 여행하는 동안 켄도르 카본카로부터 받은 것인데, 사실 이 이름은 가장 맛있는 대머리수리들이 있는 붉은마루 산맥에서 따온 것이다. 이 푸짐하고 건강한 식사는 흉년이 든 시기에 많은 농촌 가정을 지탱해주었다.

올리브 오일 … 1큰술

샬롯(다지기) … 중간 크기 2개

마늘(다지기) … 2~3쪽분

다진 칠면조 고기 … 450g

불에 구운 다진 토마토 통조림* … 1캔(411g)

파프리카 가루 … 2~3큰술

소금, 후추 … 기호에 맞게 적당량

스톰윈드 향초(17쪽) … 1작은술

물 … 2컵

닭 육수 … 2컵

익히지 않은 마카로니 파스타 … 2컵

감자(껍질을 벗겨 깍둑썰기) … 1개

당근(껍질을 벗겨 깍둑썰기) … 1개

풋고추(씨 제거하고 잘게 썰기, 선택 사항) … 1개

슈레드 치즈(장식용)

1. 중간 크기의 소스팬에 올리브 오일을 두른 후 중불에 올려 달군다. 샬롯과 마늘이 부드러워질 때까지 몇 분간 익힌다. 다진 칠면조 고기를 넣고 고기가 갈색으로 노릇하게 구워질 때까지 몇 분간 더 조리한다.

2. 여기에 토마토, 파프리카 가루, 소금, 후추, 스톰윈드 향초, 물, 닭 육수를 넣는다. 뭉근하게 끓어오르면 20분간 익힌다.

3. 익히지 않은 파스타와 감자, 당근, 필요할 경우 풋고추를 넣고 채소가 부드러워질 때까지 약 15분간 조리한다. 굴라시를 숟가락으로 떠서 그릇에 담고 치즈를 올려 식탁에 낸다.

노미의 메모: 나는 이 레시피에서 다진 칠면조 고기 대신 원래의 대머리수리 고기를 사용했다. 대머리수리 고기는 좀 질겨서 칠면조를 쓰는 것이 이 굴라시를 더 건강하게 만들어준다. 잘게 부순 베이컨을 섞어서 만들어도 맛있다.

---

* 일부 브랜드에서 출시하는 제품으로 토마토를 직화로 구워 불향을 입힌 것이다. 국내에서 이 제품을 구하기 어렵다면 일반 다진 토마토 통조림을 사용하고, 가능하다면 훈제 파프리카 가루를 조금 첨가해 불향에 가까운 맛을 내는 방법도 있다.

쫄깃한 악마 사탕

숙련도: 전문 요리
준비 시간: 20분
조리 시간: 15분
분량: 수십 개
어울리는 음식: 커피

티리스팔 숲 – 짓궂으면서도 맛있는 간식을 원한다면 더 찾아볼 것도 없이 티리스팔 숲이 선사하는 이 계절 별미를 찾으면 된다. 큰 말을 탄 낯선 이가 이 쫄깃한 캔디를 몇 개 떨어뜨렸고 나는 그것들을 이용해 이 레시피를 파악했다. 사탕의 밝은 녹색은 그 녀석의 머리에서 발산되는 초록빛을 연상시킨다. 적어도 나는 그것이 그의 머리라고 생각했다. 그렇다고 확실히 알아보기 위해 그에게 접근하지는 않았다.

가염 버터 ⋯ 2큰술 + 조금(손과 도구에 사용할 용도)

물 ⋯ 2/3컵

설탕 ⋯ 1컵

꿀 ⋯ 1/2컵

옥수수 전분 ⋯ 1큰술

아니스 추출액 ⋯ 한 방울

녹색 젤 타입 식용색소

1. 실리콘 패드나 베이킹 시트에 가볍게 버터를 바르고 한쪽에 준비해둔다.

2. 사탕용 온도계를 중간 크기의 소스팬에 부착한 후에 물, 설탕, 꿀, 옥수수 전분을 넣고 섞으며 중불에서 가열한다. 설탕이 녹을 때까지 혼합물을 젓는다. 불을 높였다가 혼합물의 온도가 124°C가 되면 불에서 즉시 소스팬을 내리고 버터, 아니스 추출액, 녹색 식용색소 등을 넣고 섞는다. 준비된 실리콘 패드나 베이킹 시트 위에 쏟아붓고 손으로 만질 수 있을 정도로 따뜻해질 때까지 식힌다. 사탕을 완전히 식히면 안 된다. 작업하기 너무 어려워지기 때문이다.

3. 사탕의 모양을 만들려면 양손으로 부드럽게 잡아당기면서 가끔씩 비틀다가 접으면서 다시 되돌아간다. 몇 분 동안 이렇게 하다 보면 사탕의 색이 점점 엷어지면서 뻑뻑하고 단단해진다. 이때 주방 가위나 잘 드는 칼에 버터를 조금 바르고 한 입 크기로 자른다. 유산지를 네모나게 잘라 사탕을 포장한 뒤 양쪽 끝을 비틀어 봉해서 보관하거나 나누어준다.

스팀휘들 짐마차 폭탄주

숙련도: 수습 요리
준비 시간: 5분
분량: 1인분
어울리는 음식:
바다 소금 캐러멜

엘윈 숲 – 나는 왜 이 음료가 큰 인기를 누리지 못했는지 도무지 이해할 수가 없었다. 그러니까, 이걸 들고 있는 멀록 하나를 발견하기까지 내가 진압해야 했던 멀록 잠복꾼의 수는 정말로 믿기 어려울 정도다. 아무래도 스팀휘들 유물 복원회와 이 점에 대해 개인적으로 이야기를 해봐야 할 것 같다.

애플 사이다(알코올) ⋯ ¾컵

사워 애플 슈냅스 ⋯ 2큰술

시나몬향 위스키 ⋯ 2큰술

1. 사이다를 500ml 잔에 붓는다.

2. 샷 글라스에 슈냅스와 위스키를 넣고 섞는다.

3. 마실 때는 2의 샷 글라스를 500ml 잔에 떨어뜨려 한 번에 전부 마시거나, 혼합한 샷을 사이다에 부어 놓고 한가롭게 한 모금씩 마시면 된다.

쿨 티라스

짭짤한 바다 크래커

숙련도: 기초 요리

준비 시간: 5분

굽는 시간: 15분

분량: 수프 몇 그릇은 나올 정도로 충분한 1회분

어울리는 음식: 수프, 스튜, 스낵 상자

티라가드 해협 – 티라가드 해협은 풍부한 해산물의 축복을 받은 곳으로, 어획물을 하역하거나 화물을 선적하는 배들을 보면서 보랄러스 항구에서 즐겁게 며칠을 보냈다. 그곳에서 시간을 보내는 동안 간식으로 먹기 좋은 이 크래커를 발견하게 되었는데 좋아하는 스튜 위에 올려서 먹는 것뿐만 아니라 그릇에 담긴 것을 바로 집어먹는 것도 맛있었다.

밀가루(중력분) … 1컵

소금 … 1작은술 + 조금(뿌리는 용도)

설탕 … 1작은술

베이킹파우더 … 1작은술

영양 효모 … 2작은술

차가운 무염 버터 … 2큰술

찬물 … 1/3컵

1. 작은 믹싱볼에 마른 재료들을 넣고 섞는다. 큰 덩어리가 남지 않을 때까지 버터를 자르거나 문질러서 넣어 섞은 후 부드러운 반죽이 될 때까지 물을 서서히 넣으며 섞는다. 반죽을 20분 정도 휴지시킨다.

2. 오븐을 190°C로 예열하고 베이킹 시트에 유산지를 깐다. 반죽을 0.6cm 두께로 민다. 잘 드는 칼이나 피자 커터를 사용해 1.3cm 정도의 사각형으로 자르거나 원할 경우 조금 더 크게 자른다. 자른 크래커 반죽을 베이킹 시트로 옮기고 최대한 넓게 펼친다. 옅은 황금색으로 변할 때까지 약 15분간 굽는다.

노미의 메모: 이 크래커는 기본적인 형태의 수프에 넣기 좋은 한편, 좋아하는 시즈닝 1~2작은술을 반죽에 직접 넣거나 수프 위에 뿌려 먹어도 좋다. 나는 이 크래커에 스톰윈드 향초(17쪽)를 약간 넣었을 때 꽤 맛있다는 것을 발견했다.

스톰송 효모빵

숙련도: 숙련 요리

시작 시간: 5일

준비 시간: 10분

대기 시간: 1시간 30분

굽는 시간: 25~30분

분량: 한 덩이

어울리는 음식: 가염 버터, 꿀, 잼, 수프

스톰송 계곡 – 길니아스의 선원들이 쿨 티라스에 처음 정착했을 때 그곳에서 사용되던 오리지널 스타터가 얼마나 오래되었는지는 아무도 모른다. 이 효모빵은 대대로 충실히 전해 내려오고 있으며 이 섬에서 여전히 인기를 누리고 있다. 그들의 스타터를 쓰고자 지역 주민을 설득할 수 없는 경우를 위해 나만의 스타터를 만들 수 있는 도움말도 포함했다.

스타터용:

따뜻한 물 … 1½컵

통밀가루 또는 무표백 밀가루(중력분) … 1½컵

설탕 … 1큰술

활성 드라이 이스트 … 1작은술

빵용:

스타터 … 1컵, 사용하기 전에 젓기

물 … 1컵

설탕 … 2큰술

소금 … 2작은술

밀가루(중력분 또는 강력분) … 3컵

스타터 만드는 법:

1. 물 1컵, 밀가루 1컵 반, 설탕 그리고 이스트를 섞어 이 혼합물의 3배 정도 큰 용기에 넣는다. 뚜껑을 느슨하게 덮고 상온에 하룻밤 둔다. 다음 날, 혼합물의 반을 버리고 물 1/4컵과 밀가루 1/2컵을 넣고 젓는다. 3일째에도 이 과정을 반복한다. 넷째 날이 되면 빵 레시피에 사용할 수 있는 스타터가 준비된다. 스타터가 살아 있을 수 있도록 냉장고에 넣어 보관하고 매주 1작은술의 설탕을 스타터의 먹이로 공급하면 된다. 빵을 만들기 위해 스타터를 사용하기 전날에는 혼합물에 물 1/4컵과 밀가루 1/2컵을 넣고 상온에 둔다.

빵 만드는 법:

2. 큰 믹싱볼에 1컵의 스타터를 넣고 물, 설탕, 소금과 함께 섞는다. 여기에 너무 질척하지 않으면서 치대기 좋은 반죽이 될 때까지 밀가루를 조금씩 넣고 섞는다. 이 반죽을 밀가루를 바른 작업대 위에 올린 후 손가락으로 찌르면 다시 튀어 오를 정도로 반죽이 매끈해질 때까지 몇 분간 치댄다. 기름을 살짝 바른 큰 믹싱볼에 담고, 비닐을 가볍게 덮어 따뜻한 곳에서 약 1시간 동안 또는 크기가 2배가 될 때까지 둔다. 주방이 얼마나 따뜻하느냐에 따라 시간이 더 걸릴 수도 있으니 인내심을 갖자.

노미의 메모: 스타터를 얼마나 버려야 할지를 계량하기 위해 주방용 저울이 있다면 사용할 것을 추천한다.

〈다음 장에서 계속〉

스톰송 효모빵(계속)

3. 반죽이 반쯤 부풀어 오르면 오븐을 220℃로 예열하고 베이킹
   시트 위에 유산지를 깔아둔다. 반죽이 완전히 부풀어 오르면,
   빵에 스팀 효과를 주어 겉면을 바삭바삭하게 만들기 위해
   오븐용 그릇에 뜨거운 물을 절반쯤 채우고 오븐 아래 선반에
   넣는다. 반죽 내의 공기를 최대한 유지하기 위해 반죽 그릇을
   준비된 베이킹 시트 위에 아주 조심스럽게 기울여 반죽을
   올린다. 빵 반죽 위에 밀가루를 살짝 뿌린 후 잘 드는 톱니칼을
   이용해 빵의 윗부분에 가볍게 칼집을 내어 장식 패턴을 만든 후
   황갈색으로 노릇하게 구워질 때까지 25~30분간 굽는다.

4. 이 빵은 단독으로 먹거나 버터만 약간 발라 먹어도 맛있지만,
   맛있는 음식의 재료가 되기도 한다. 빵 윗부분의 1/3만 잘라낸
   후 바닥과 측면은 1.2cm 정도로 넉넉히 남겨두고 빵의 가운데
   부분을 파낸다. 속이 빈 빵에 또다요《월드 오브 워크래프트 공식
   요리책》의 조개 수프처럼 좋아하는 걸쭉한 수프를 채워 넣는다.

버터 넣은 순무 죽

숙련도: 수습 요리

준비 시간: 20분

조리 시간: 35분

분량: 약 8인분(사이드 요리 기준)

어울리는 음식: 해기스*

보랄러스 – 섬나라들은 어떻게든 자신들이 가지고 있는 재료들을 최대한 잘 활용해야 한다는 집념을 가지고 있는데, 이를 보여주는 사례로 소박한 뿌리채소가 아주 맛있는 사이드 요리로 바뀌는 이 순무 죽보다 더 좋은 것은 없다.

윗부분이 보라색인 순무(껍질을 벗겨 대충 깍둑썰기)
··· 1.4kg

달걀(특란) ··· 2개

무염 버터 ··· 6큰술(3큰술씩 나누기)

밀가루(중력분) ··· 2큰술

생크림 ··· 2큰술

흑설탕 ··· 1큰술

소금 ··· 1작은술

백후추 ··· 1/2작은술

신선하게 간 육두구 가루 ··· 1꼬집

빵가루 ··· 3/4컵

1. 오븐을 190℃로 예열하고 중간 크기의 냄비에 물을 넣고 끓인다. 끓는 물에 순무를 넣은 후, 포크로 찔렀을 때 부드럽게 들어갈 때까지 약 10~15분간 익힌다. 물기를 제거한 후 큰 믹싱볼에 옮겨 담는다.

2. 핸드 블렌더나 감자 으깨는 도구를 사용해 익힌 순무가 매끈해질 때까지 으깨거나 갈아준다. 달걀과 버터 3큰술, 밀가루, 생크림, 흑설탕, 향신료 등을 넣고 모든 재료를 골고루 섞는다. 이 혼합물을 오븐용 그릇으로 옮겨 담는다.

3. 별도의 작은 믹싱볼에 남은 버터 3큰술과 빵가루를 넣고 섞는다. 이 혼합물을 순무 혼합물 표면에 넓게 펴준 후 순무에 살짝 눌러 붙인다. 윗부분이 황갈색으로 변하면서 노릇해지고 부풀어 오를 때까지 약 30~35분간 굽는다.

* 양의 내장에 양파, 오트밀, 향신료 등을 섞어 위에 넣고 채운 스코틀랜드의 대표적인 음식 중 하나다.

글렌브룩 푸딩

숙련도: 숙련 요리
준비 시간: 15분
조리 시간: 2시간
분량: 4~6인분
어울리는 음식: 좋은 맥주,
잿불 양념(19쪽)

티라가드 해협 – 쿨 티라스 전역의 선술집들과 여관들에서 인기 있는 이 푸딩은 사실 바다에서 시작되었다. 옛날에는 많은 배가 필요한 선원을 충분히 태우지 못했고, 요리사는 말할 것도 없었다. 이 푸짐한 푸딩은 별다른 노력 없이도 요리할 수 있어서 선원들이 각자의 다른 임무들을 자유롭게 수행할 수 있게 해주었다.

반죽용:

밀가루(중력분) ··· 2컵

베이킹파우더 ··· 2작은술

소금 ··· 1꼬집

무염 버터 ··· 8큰술

찬물 ··· 1/2컵

필링용:

소시지용 고기 ··· 450g

신선한 세이지 다진 것 ··· 1작은술

체더와 같은 톡 쏘는 맛의 치즈(강판에 갈아서 준비) ··· 1/2컵

채소 믹스(완두콩, 다진 당근, 다진 버섯과 같은 것) ··· 1½컵

반죽 만드는 법:

1. 1리터 용량의 내열 믹싱볼이나 푸딩 틀 안쪽에 버터를 가볍게 발라 준비해둔다. 중간 크기의 다른 믹싱볼에 반죽용 마른 재료를 넣고 섞는다. 혼합물이 거친 빵가루처럼 보일 때까지 버터를 문지르거나 잘라서 넣고 섞는다. 질척거리지 않으면서 적당히 뭉쳐지는 정도가 되도록 적정량의 물을 조금씩 넣는다.

2. 반죽을 1/3과 2/3로 나눈다. 가볍게 밀가루를 뿌린 작업대 표면에 더 큰 덩어리의 반죽을 올리고 대략 0.6cm의 두께가 되도록 조심스럽게 민다. 반죽이 완전히 덮이도록 용기의 옆면을 누르면서 버터를 바른 용기에 반죽을 걸쳐 올린다.

필링 만드는 법:

3. 중간 크기의 프라이팬에 소시지(필요에 따라 껍질 제거)를 넣고 노릇한 갈색이 돌면서 바스러지는 느낌이 될 때까지 익힌다. 불에서 내려 살짝 식힌다. 팬에서 여분의 기름을 제거한 후 세이지와 치즈를 넣고 고기와 섞는다.

4. 반죽을 깔아둔 용기에 소시지를 옮겨 담고, 소시지를 눌러 단단히 채운다. 소시지 위에 채소를 올리고 남은 반죽을 밀어서 필링을 채운 용기 위에 올린다. 반죽이 용기의 양쪽으로 올라오도록 반죽의 가장자리를 조심스럽게 누른다.

5. 알루미늄 포일로 용기를 단단히 덮어 큰 냄비에 넣는다. 용기의 3/4 지점까지 올라오도록 냄비에 물을 채운다. 뚜껑을 덮고 끓인 후 중약불로 줄인다. 필요에 따라 물을 보충하면서 약 2시간 동안 끓인다. 불을 끄고 살짝 식힌다.

6. 냄비에서 용기를 꺼내고 포일 덮개를 벗긴다. 큰 접시를 뒤집어 푸딩 위에 올린 후 접시와 용기를 같이 뒤집어 푸딩이 접시에 떨어지게 한다. 뜨거울 때 바로 식탁에 올린다.

선원의 파이

숙련도: 전문 요리
준비 시간: 10분
조리 시간: 45분
분량: 6~8인분
어울리는 음식: 샐러드,
완두콩

보랄러스 – 바다가 베푸는 풍요로움에 둘러싸인 섬에 살고 있는 쿨 티란 인간들이 이렇게 맛있는 해산물 레시피를 가지고 있다는 것은 놀랄 일이 아니다! 이것은 내가 그곳에 있을 때 먹어본 음식들 중 하나였는데 그 맛과 예술성 모두 정말 기억에 남는다. 맨 위의 감자는 파도 모양으로 만들고 페이스트리 생선으로 모양을 내 마무리한다.

감자(껍질을 벗기고 깍둑썰기) … 큰 것 3개

마늘(껍질 벗기기) … 2~3쪽

무염 버터 … 4큰술(2큰술씩 나누기)

우유 … 2~3컵

소금, 후추 …적당량

흰 살 생선(대구나 해덕 등) … 340g

월계수 잎 … 3장

훈제 파프리카 가루, 머스터드 가루 … 1꼬집씩

서양 대파(흰 부분만 0.6cm 두께로 슬라이스하기) … 2대

밀가루(중력분) … 2큰술

강판에 간 체더 치즈 … 1/2컵

완두콩 … 1/2컵

당근(껍질을 벗기고 깍둑썰기) … 1개

익힌 샐러드용 새우 … 1/2~1컵

1. 오븐을 190°C로 예열한다. 큰 냄비에 감자와 마늘을 넣고 재료가 잠기도록 물을 붓고 끓인다. 부드러워질 때까지 약 15분간 익힌 뒤 불에서 내려 체에 거른다. 큰 믹싱볼에 삶은 감자의 1/3을 넣은 뒤 한쪽에 두고, 나머지 감자는 마늘과 함께 버터 2큰술, 우유 1컵을 넣고 크림처럼 될 때까지 으깬다. 소금과 후추를 넣어 간을 맞춘다.

2. 감자가 익는 동안 생선을 중간 크기의 프라이팬에 넣고 남은 우유를 붓는다. 월계수 잎과 후추, 훈제 파프리카 가루, 머스터드 가루 등을 넣고 뭉근히 끓이다가 포크로 생선 살이 쉽게 부스러질 때까지 약 15분간 익힌다.

3. 생선을 삶은 감자가 담긴 믹싱볼에 옮겨 담는다. 깨끗한 용기에 우유를 체에 거르고, 1½컵이 나올 때까지 가득 채운다. 소스를 만들 준비가 될 때까지 한쪽에 둔다.

4. 중간 크기의 프라이팬에 남은 버터를 녹인 후 중불에서 서양 대파가 부드러워질 때까지 몇 분간 익힌다. 그 위에 밀가루를 뿌리고 저으면서 섞는다. 젓는 동안 3에서 한쪽에 두었던 우유를 조금씩 넣는다. 이 혼합물이 눈에 띄게 걸쭉해질 때까지 계속 젓는다. 불에서 내리고 체더 치즈를 넣는다.

노미의 메모: 나는 주로 흰 살 생선으로 이 음식을 만들지만 어떤 생선도 괜찮다. 내 생각엔 연어가 특히 맛있을 것 같다.

〈다음 장에서 계속〉

선원의 파이(계속)

5. 이 혼합물을 남은 채소, 샐러드용 새우와 함께 팬에 있는 생선,
   감자와 섞은 후 골고루 섞이도록 여러 차례 충분히 젓는다.
   이 필링을 큰 파이 그릇으로 옮겨 담고 윗부분을 매끈하게
   다듬는다. 으깬 감자를 그 위에 올리고 폭풍우가 몰아치는 바다
   느낌을 내기 위해 스푼으로 소용돌이 모양을 만든다.

6. 파이에 거품이 보글보글 일면서 감자가 갈색으로 변하기 시작할
   때까지 25~30분간 굽는다. 이때 바로 먹거나 표면이 좀 더
   갈색이 되도록 오븐에 넣어 1~2분 정도 둔다.

노미의 메모: 나는 이 음식에 조금 더 생동감을 주기 위해 페이스트리 반죽을
잘라 바다 생물처럼 만들어 위에 올리는 것을 좋아한다. 이를 위해 플레이키 파이
도우(또다요)를 1/2 분량만 만들고 0.3cm 두께로 민다. 원하는 모양으로 자르고
풀어둔 달걀을 붓으로 발라 황갈색이 될 때까지 약 15~20분간 굽는다. 구운
페이스트리는 파이에 얹으면 눅눅해지므로 먹기 직전에 파이 안이나 위에 놓는다.

버터 쿠키 튀김

숙련도: 숙련 요리
준비 시간: 5분
조리 시간: 10분
분량: 약 20개
어울리는 음식: 달콤한 밀크티, 아이스크림

보랄러스 – 이 쿠키는 항구로 돌아오는 선원들이 즐겨 찾는 보랄러스의 명물이다. 겉은 바삭바삭하고 속은 쫄깃하며 딱 만족스러울 정도로 달다.

식물성 식용유

밀가루(중력분) … 1½컵

무염 버터 … 3큰술

설탕 … 1컵

소금 … 1꼬집

카다멈 가루 … 1/2작은술

바닐라 농축액 … 한 방울

달걀(특란) … 1개

1. 중간 크기의 소스팬에 높이 약 2.5cm만큼 식물성 식용유를 붓고 중불에서 가열한다.

2. 중간 크기의 믹싱볼에 밀가루, 버터, 설탕, 소금을 넣고 섞는다. 카다멈 가루와 바닐라 농축액을 넣은 후 달걀을 넣고 섞는다. 이 혼합물은 공 모양으로 단단하게 굴릴 수 있을 정도로 만든다. 필요시 농도를 조절하기 위해 밀가루나 물을 조금 더 넣는다. 1큰술 크기의 공 모양으로 반죽을 굴린 후 포크로 윗부분을 눌러 모양을 내준다.

3. 기름이 뜨거워지면 모양낸 부분이 위로 향하도록 쿠키 반죽 몇 개를 냄비 속에 조심스럽게 넣는다. 옅은 황갈색으로 변할 때까지 1~2분간 튀긴다. 쿠키를 꺼내 기름을 흡수시키기 위해 접시에 깐 페이퍼 타월 위에 올린다. 남은 반죽으로 이 과정을 반복한다. 이 쿠키는 만든 당일에 먹는 것이 가장 맛있다.

트위츠의 풍미 넘치는 파이

티라가드 해협 – 스톰송 계곡의 풍요로움은 섬나라 쿨 티라스를 지탱하는데, 여기서 수확하는 것의 상당량은 계곡의 오랜 과수원에서 나온다. 이 파이는 쿨 티라스의 유명한 복숭아를 활용하기 위한 것이지만, 다른 계절 과일을 사용해도 맛있게 만들 수 있다.

숙련도: 전문 요리

준비 시간: 20분

조리 시간: 약 45분

대기 시간: 2시간 또는 하룻밤

분량: 4인분

어울리는 음식: 신선한 과일

파이용:

설탕 ⋯ 1/2컵

물 ⋯ 1큰술

레몬즙 ⋯ 한 방울

가당연유 ⋯ 1캔(400g)

사워크림 ⋯ 1/2컵

달걀(특란) ⋯ 3개

럼주(종류 무관) ⋯ 2큰술

육두구 가루 ⋯ 1/4작은술

바닐라 농축액 ⋯ 1~2방울

무염 버터(라메킨* 용) ⋯ 1큰술

복숭아 콤포트 토핑용:

복숭아(껍질을 벗기고 씨를 제거한 후 깍둑썰기) ⋯ 1개

감미로운 꿀(21쪽) ⋯ 1/4컵

신선한 타임 ⋯ 1꼬집

* 세라믹이나 유리로 만든 작은 그릇으로 오븐에 넣거나 중탕으로 조리할 때 주로 사용한다.

파이 만드는 법:

1. 화구 근처의 싱크대 작업대 위에 중간 크기의 라메킨 4개를 둔다. 작은 소스팬에 설탕, 물, 레몬즙을 넣고 중불에서 가열한다. 이 액상이 황금색으로 변할 때까지 몇 분간 가열한 후 4개의 라메킨에 고르게 나누어 붓는다. 각각의 라메킨을 빙빙 돌리며 바닥에 설탕을 골고루 묻힌 후 한쪽에 두고 식힌다.

2. 오븐을 160°C로 예열한다. 중간 크기의 믹싱볼에 버터를 제외한 나머지 재료들을 넣고 매끈해질 때까지 함께 섞는다. 식혀둔 라메킨 측면에 버터를 가볍게 바르고 파이 혼합물을 각 라메킨에 고르게 나누어 담는다.

3. 라메킨을 측면이 높게 올라오는 오븐용 팬으로 옮기고 라메킨의 대략 절반쯤 높이까지 오븐용 팬에 물을 채운다. 파이의 바깥 부분은 굳고 중간은 약간 흔들릴 때까지 라메킨의 크기에 따라 30~45분간 굽는다. 오븐에서 팬을 꺼내고 라메킨을 식힘망에 올려 15분간 식힌 후 최소 2시간 혹은 하룻밤 동안 냉장고에 둔다.

복숭아 콤포트 토핑 만드는 법:

4. 파이가 식는 동안 또는 다음 날, 작은 소스팬에 모든 재료를 넣고 섞어 토핑을 만든다. 중약불에 올려 꿀이 복숭아에 모두 흡수될 때까지 약 10~15분간 가끔씩 저으며 조리한다.

조합하는 법:

5. 파이를 먹을 준비가 되면, 잘 드는 칼로 라메킨 가장자리를 따라 둘러주어 파이의 측면이 라메킨에서 떨어지도록 한다. 라메킨의 바닥 부분을 뜨거운 물이 담긴 그릇에 살짝 담가 캐러멜을 데운 후 서빙 접시를 라메킨 위에 올려놓는다. 접시와 라메킨을 함께 뒤집고 파이의 분리되는 소리가 들릴 때까지 몇 차례 세게 흔든다. 녹은 캐러멜을 파이 위에 흘려 떨어뜨리고 복숭아 콤포트를 그 위에 얹는다. 바로 식탁에 올린다.

까마귀딸기 타르트

스톰송 계곡 – 이 우아한 디저트를 만드는 전통 레시피에는 쿨 티라스와 줄다자르의 야생에서 자라는 특별한 종류의 베리가 필요하지만, 실험 끝에 나는 모든 베리가 다 잘 어울린다는 것을 알게 되었다. 또한 개인적으로 생선 아로마 오일은 제외했다. 쿨 티란 인간들은 바다에서 나는 모든 것을 정말로 좋아하는 것 같다!

숙련도: 숙련 요리
준비 시간: 15분
식히는 시간: 30분
굽는 시간: 20분
분량: 타르트 4개
어울리는 음식:
망령열매 과일주(147쪽)

반죽용:

밀가루(중력분) … 1½컵

슈거 파우더 … 1/2컵

아몬드 가루 … 1/4컵

부드럽게 해둔 무염 버터 … 8큰술

바닐라 농축액 … 한 방울

달걀(특란) … 1개

필링용:

생크림 … 1컵

설탕 … 1/4컵

마스카포네 치즈 … 225g

레몬 커드 … 1/2컵

산딸기(통째) 또는 딸기 … 2컵 또는 그 이상

글레이즈용:

감미로운 꿀(21쪽) … 1/4컵

신선한 타임 … 1작은술 + 조금(장식용)

씨 없는 블랙베리 젤리(선택 사항) … 1큰술

반죽 만드는 법:

1. 반죽이 식으려면 시간이 필요하므로 필링을 준비하기 전에 반죽부터 먼저 만든다. 푸드 프로세서에 마른 재료들을 넣은 후 버터와 바닐라 농축액, 달걀을 넣는다. 반죽이 큰 공 모양으로 뭉칠 때까지 펄스 모드로 여러 번 끊으면서 프로세서를 돌린다.

2. 푸드 프로세서에서 반죽을 꺼낸 후 둥글고 납작하게 누른다. 랩에 싸서 냉장고에 넣고 30분 정도 보관해 차갑게 만든다.

필링 만드는 법:

3. 생크림과 설탕을 중간 크기의 믹싱볼에 넣고 부드러운 뿔이 생길 때까지 2분 정도 휘젓는다. 별도의 그릇에 마스카포네 치즈와 레몬 커드를 넣고 함께 섞는다. 이 치즈 혼합물을 휘핑크림에 넣고 조심스럽게 합친 후 사용할 때까지 냉장고에 보관한다.

4. 타르트 셸을 만들 준비가 되면 오븐을 150°C로 예열한다. 반죽의 랩을 제거하고 가볍게 밀가루를 뿌린 작업대 위에 올려 0.6cm 두께로 민다. 15cm 지름의 타르트 틀을 반죽 위에 올리고 타르트 틀보다 약간 크게 여러 장의 반죽을 잘라낸다. 가장자리를 꼼꼼하게 채우면서 반죽을 틀에 눌러 넣는다. 남은 반죽으로 몇 군데 덧대도 괜찮고 혹은 남은 반죽 조각들을 다시 밀어 타르트 셸을 한 장 더 만들어도 된다.

〈다음 장에서 계속〉

까마귀딸기 타르트(계속)

5. 타르트가 옅은 황금색이 될 때까지 15~20분 정도 굽는다. 오븐에서 꺼낸 후 식힌다.

6. 타르트 셸이 식으면 틀에서 빼낸 후 서빙 접시에 올린다. 각 타르트 셸에 적당량의 필링을 숟가락으로 떠서 타르트 측면의 맨 윗부분까지 올라오도록 채운다. 각자의 기호에 따라 타르트 위에 딸기나 산딸기를 고르게 펴서 올린다.

글레이즈 만드는 법:

7. 꿀, 신선한 타임 그리고 필요할 경우 블랙베리 젤리를 작은 소스팬에 넣고 중불에서 가열하며 섞는다. 질감이 묽어지고 타임의 향이 나기 시작할 때까지 약 5분 정도 글레이즈를 데운다. 글레이즈를 4개의 타르트에 고르게 뿌린다. 남은 신선한 타임으로 장식을 하고 바로 식탁에 올린다.

쿨 티라미수

스톰송 계곡 – 쿨 티란 종족들은 씩씩한 식민지 주민이라는 미천한 출신에서 출발하여 큰 발전을 이루었지만, 이 티라미수의 맛에서 여러 세대에 걸쳐 선원들의 큰 사랑을 받았던 해적들의 친숙한 재료들을 여전히 찾을 수 있다. 쿨 티라미수는 맛이 풍부하고 향신료들로 채워진 가벼운 스펀지 타입의 디저트로, 기운을 차리고 싶을 때 먹으면 아주 좋다. 그리고 더 좋은 것은 이 레시피로 친구들과 함께 나눌 수 있을 정도로 많은 양의 티라미수를 만들 수 있다는 점이다!

숙련도: 전문 요리
준비 시간: 15분
조리 시간: 15분
식히는 시간: 6시간 또는 최대 하룻밤
분량: 8인분 이상
어울리는 음식:
바다 소금 커피(173쪽),
가벼운 브런치

상온에 둔 달걀노른자(특란) … 5개

설탕 … 1/2컵(절반씩 나누기)

스파이스드 럼주 … 1/4컵(절반씩 나누기)

마스카포네 치즈 … 450g

다진 생강 … 1/2작은술

생크림 … 1½컵

식힌 진한 커피 … 1잔

이탈리아 레디핑거 비스킷 … 36개

무가당 코코아 가루 … 1~2작은술

시나몬 가루 … 1작은술

---

1. 믹싱볼에 달걀노른자와 설탕 1/4컵을 넣은 뒤 설탕이 녹고 노른자의 색이 옅어질 때까지 핸드 믹서를 고속으로 하여 젓는다. 럼주의 절반을 넣고 젓는다.

2. 물을 2.5~5cm 높이로 채운 작은 소스팬 위에 1의 믹싱볼을 올리고 불에 올린다. 이때 믹싱볼이 물에 닿아서는 안 된다. 혼합물이 매우 걸쭉해지고 부피는 대략 2배가 될 때까지 중속으로 계속 젓는다. 불에서 내리고 마스카포네 치즈와 생강을 넣은 후 한쪽으로 옮겨 어느 정도 식힌다.

3. 별도의 믹싱볼에 생크림과 남은 설탕 1/4컵을 넣고 단단한 뿔이 생길 때까지 휘젓는다. 이 휘핑크림의 절반을 달걀 혼합물과 조심스럽게 섞어 커스터드를 만든다. 최대한 폭신함을 유지할 수 있도록 노력한다.

4. 커피와 남은 럼주를 얕은 그릇에 넣고 섞은 후 팬(깊이가 있는 20cm 또는 23cm짜리 사각 오븐용 팬) 옆에 놓는다.

5. 각 레이디핑거를 커피에 잠깐 담갔다가 팬 바닥이 덮일 때까지 한 겹으로 나란히 놓는다.

6. 팬에 놓인 레이디핑거 위에 커스터드 혼합물을 절반 정도 펴 바른 후 다시 레이디핑거를 배열하고 커스터드를 올리는 과정을 반복한다. 남은 휘핑크림을 짤주머니에 담고 점 모양으로 윗부분에 짜서 올린다. 코코아 가루와 시나몬 가루를 뿌린 후 최소 6시간 또는 하룻밤 동안 냉장고에 넣어둔다.

7. 먹을 때는 사각형으로 자르고 스패출러로 서빙 접시에 옮겨 담는다.

줄다자르

로아 빵

숙련도: 숙련 요리

준비 시간: 25분

조리 시간: 45분

대기 시간: 8시간 또는 하룻밤

분량: 케이크 1개, 든든한 8인분

어울리는 음식: 진한 커피 또는 차, 신선한 과일, 매운 음식, 모조히토(107쪽)

다자알로 – 나는 잔달라의 트롤만큼이나 그렇게 깊이 신들을 숭배하는 다른 문화를 한 번도 접한 적이 없다. 이 케이크는 그들의 표준 의식 일부로, 신전에서는 이 케이크 조각들을 자신들의 로아에게 바친다. 준비 과정은 다소 복잡하지만 그 결과물은 인간과 신 모두에게 어울리는 특별한 맛을 가지고 있다.

케이크용:

부드럽게 해둔 무염 버터 … 8큰술 + 조금(팬에 바를 용도)

밀가루(중력분) … 2컵

설탕 … 1컵

베이킹파우더 … 2작은술

소금 … 1작은술

육두구 가루 … 1/2작은술

식물성 식용유 … 1/2컵

우유 … 1/2컵

바닐라 농축액 … 2작은술

상온에 둔 달걀(특란) … 3개

일반 럼주 또는 스파이스드 럼주 … 1/2컵

신선한 망고(대충 썰기) … 1컵

시럽용:

무염 버터 … 8큰술

물 … 1/4컵

감미로운 꿀(21쪽) … 1/2컵

설탕 … 1/2컵

일반 럼주 또는 스파이스드 럼주 … 1/2컵

바닐라 농축액 … 1/2작은술

아이싱용:

감미로운 꿀(21쪽) … 1/4컵

슈거 파우더 … 1/2컵

휘핑크림 … 약 2큰술

케이크 만드는 법:

1. 오븐을 175℃로 예열한다. 큰 번트팬에 버터 한두 큰술을 가볍게 바르고 밀가루를 안쪽에 뿌린 다음 뒤집어서 여분의 밀가루를 두드려 털어낸 후 한쪽에 준비해둔다.

2. 큰 믹싱볼에 마른 재료들을 넣고 핸드 믹서를 중속으로 하여 섞은 후 버터, 식물성 식용유, 우유, 바닐라 농축액을 넣고 섞는다. 달걀을 하나씩 넣은 후 럼주를 넣는다. 마지막으로 망고 조각을 넣고 섞는다. 준비된 번트팬에 반죽을 붓고 전체적으로 평평하게 펴준다. 케이크의 윗면이 황금색으로 변하기 시작할 때까지 약 45분간 굽는다. 시럽을 준비하는 동안 케이크를 살짝 식힌다.

시럽 만드는 법:

3. 작은 소스팬을 중불에 올리고 럼주와 바닐라 농축액을 제외한 모든 재료를 넣고 섞는다. 모든 재료가 잘 섞이고 설탕이 녹을 때까지 혼합물을 몇 분 동안 가열한다. 럼주와 바닐라 농축액을 넣고 젓는다.

4. 나무 꼬챙이를 사용해 식힌 케이크를 팬에 넣어둔 채로 전체적으로 골고루 찔러준다. 그런 다음 케이크 위에 시럽을 조금 붓고 구멍 속으로 스며들게 한다. 시럽이 모두 흡수될 때까지 이 과정을 반복한 후 케이크 위를 덮어 상온에서 하룻밤 동안 둔다.

아이싱 만드는 법:

5. 작은 믹싱볼에 감미로운 꿀과 슈거 파우더를 함께 넣고 섞는다. 걸쭉하되 여전히 묽은 농도의 아이싱을 만들 수 있을 정도로 적당량의 생크림을 서서히 넣는다.

〈다음 장에서 계속〉

로아 빵(계속)

조합하는 법:

6. 접시를 뒤집어 케이크 팬 위에 올려놓고 팬과 접시를 같이
   뒤집는다. 케이크가 팬에서 떨어질 때까지 몇 분 정도 기다린다.
   팬에서 떨어지지 않으면 팬을 다시 뒤집어 뜨거운 물이 담긴
   큰 그릇에 몇 분 동안 담갔다가 다시 시도해야 할 수도 있다.
   케이크가 팬에서 분리되면, 전체적으로 아이싱을 뿌려 내놓는다.

브루토사우루스 티카

숙련도: 수습 요리

마리네이드 시간: 2시간 이상

조리 시간: 40분

분량: 4인분

어울리는 음식: 밥, 구운 야채

다자알로 – 줄다자르에서는 보통 상인들의 물건을 운반하는 브루토사우루스를 볼 수 있지만, 이 짐승들이 마지막 물품을 운반하고 나면 맛있는 음식을 만드는 데 사용된다는 사실은 도시 밖으로 거의 알려지지 않았다. 나는 상인들 중 하나와 향신료 몇 가지를 교환한 후 그에게서 이 레시피를 공유받았다. 이 소스는 순하면서도 깊은 맛이 난다. 그리고 아즈스나 건포도의 달콤함과 짝을 이룬 토마토의 톡 쏘는 새콤함은 먹어본 즉시 내가 가장 좋아하는 소스가 되었다.

마리네이드용:

플레인 요구르트 ⋯ 1½컵

다진 마늘 ⋯ 2~3쪽

가람마살라 ⋯ 1큰술

다진 생강 ⋯ 1작은술

강황 가루 ⋯ 1작은술

큐민 가루 ⋯ 1작은술

소금 ⋯ 1작은술

고춧가루 ⋯ 1꼬집 또는 기호에 따라 그 이상

닭정육(뼈와 껍질을 제거하고 깍둑썰기) ⋯ 450g(약 4조각)

티카용:

올리브 오일 ⋯ 2큰술

무염 버터 ⋯ 1큰술

다진 양파 ⋯ 1개분

크러시드 통조림 토마토 ⋯ 1캔(400g)

골든 레이즌(황금색 건포도) ⋯ 1/4컵

마리네이드 만드는 법:

1. 중간 크기의 믹싱볼에 마리네이드 재료를 모두 넣고 섞는다. 여기에 닭을 넣고 저어서 마리네이드를 발라준 다음 뚜껑을 덮고 냉장고에 최소 2시간 혹은 하룻밤 동안 재워둔다.

티카 만드는 법:

2. 큰 프라이팬에 기름과 버터를 두르고 중불에 올려 달군다. 양파를 넣은 뒤 부드러워지면서 향이 올라올 때까지 익힌 후 기름은 팬에 남겨둔 채 양파만 작은 그릇에 떠낸다.

3. 닭이 앞뒤 모두 노릇하게 구워질 때까지 여러 번 뒤집어 주며 익힌다. 익힌 양파, 으깬 토마토, 건포도와 함께 나머지 마리네이드 재료도 팬에 넣는다. 소스가 걸쭉해지고 고기가 부드러워질 때까지 중불에서 가끔씩 저어가며 40분간 조리한다.

노미의 메모: 실제 브루토사우루스를 사용한다면 질긴 고기로 유명한 만큼 조리 시간을 크게 늘려야 할 수도 있다. 혹시라도 닭을 만나본 적이 있다면 닭은 그저 작은 공룡에 불과하다는 것에 동의할 것이다. 그래서 나는 브루토사우루스 고기 대신 아제로스 전역과 그 외의 지역에서 더 널리 구할 수 있는 닭을 사용했다.

트롤섞었주

숙련도: 숙련 요리
준비 시간: 10분
분량: 2인분
어울리는 음식: 생강 쿠키

줄다자르 – 줄다자르를 여행하는 동안 나는 이 만족스러운 얼린 디저트를 대접받았다. 정글을 헤치며 오지를 여행하든, 다자알로의 그랜드 바자르에서 이국적인 물건을 사기 위해 쇼핑을 하든, 하루의 대부분을 무갑발라 결투사 조합에서 싸우든, 최고의 트롤섞었주를 먹는 것보다 끈적끈적한 더위를 이겨낼 수 있는 더 좋은 방법은 없다.

잘게 썬 냉동 망고 … 1/2컵

바나나(껍질을 벗기고 조각낸 뒤 얼리기) … 1/2개

바닐라 아이스크림 … 크게 1스쿱(1/2컵)

아몬드 밀크 … 1/2컵

라임즙 … 한 방울

마라스키노 체리(장식용)

신선한 민트 잎(장식용)

블렌더에 모든 재료를 넣고 매끈해질 때까지 섞은 후 큰 별 모양 깍지를 끼운 짤주머니에 옮겨 담는다. 작은 그릇에 내용물을 짜서 담고 체리 한 개와 민트 잎으로 장식한 뒤 바로 먹는다.

모조히토

숙련도: 기초 요리

준비 시간: 5분

분량: 1인분

어울리는 음식:
로아 빵(99쪽),
차가운 과일샐러드

다자알로 – 톡 쏘는 라임의 맛! 묵직한 럼주의 기운! 톡톡 터지는 탄산의 거품! 이 모든 것과 그 외의 몇 가지가 이 레시피에 멋지게 어우러져 있다. 이 레시피로 여름날의 뜨거운 열기를 뚫고 지나갈 수 있는 끝내주게 유쾌 상쾌한 칵테일을 만들 수 있다.

신선한 민트 잎 … 1줌

럼주 … 3큰술

라임즙 … 약간

아가베 시럽(취향에 따라 준비) … 1~2큰술

얼음

프로세코 또는 다른 스파클링 와인 … 4~6큰술(또는 취향에 따라 그 이상)

신선한 라임 웨지(장식용)

텀블러에 민트잎을 넣고 럼주, 라임즙 그리고 아가베 시럽과 함께 잘게 조각이 날 때까지 섞는다. 혹은 핸드 믹서로 재료들을 섞어도 되지만, 믹서를 돌릴 수 있을 만큼 액체가 충분하도록 비율을 2배로 늘려야 할 수도 있다. 얼음을 넣고 스파클링 와인을 가득 채운다. 라임 웨지로 장식한 후 바로 마신다.

노미의 메모: 칵테일은 대충 뒤적거려 만드는 거라고? '뒤적거리는' 동작이 필요한 칵테일은 잔의 옆면에 재료를 짓누르면서 만들어야 재료가 부서지면서 맛이 방출된다. 이런 방법으로 만들면 알코올을 첨가했을 때 그 맛이 알코올과 더욱 잘 어우러진다.

가시덤불 마티니

숙련도: 수습 요리
준비 시간: 5분
분량: 1인분
어울리는 음식:
쇼트브레드 비스킷

나즈미르 – 줄다자르의 또 다른 승자인 이 칵테일은 잔달라리 트롤들이 낚시, 배 타기, 보물찾기 등을 하며 긴 하루를 보내고 돌아왔을 때 즐겨 마시는 도수가 센 술이다. 베리잼과 감귤류 과일을 넣으면 음료가 더욱 부드럽고 가벼워진다.

진 ⋯ 4큰술

드라이 베르무트 ⋯ 1큰술

슈거 파우더 ⋯ 1작은술

레몬즙 ⋯ 1작은술

로즈워터(선택 사항) ⋯ 한 방울

산딸기잼 ⋯ 1작은술

얼음

딸기(장식용)

칵테일 셰이커에 모든 재료를 넣고 몇 초간 힘차게 흔들어서 섞는다. 체에 걸러 쿠프잔에 넣고 신선한 베리로 장식한다.

노미의 메모: 수준을 한 단계 끌어올리고 싶다면 셰이커에 로즈힙 젤리를 1작은술 넣어보라. 비타민이 함유된 전형적인 톡 쏘는 맛을 느낄 수 있을 것이다!

109

판다리아

그루멀빵

쿤라이 봉우리 – 쿤라이 봉우리의 그루멀들 중에서 건장하고 미식가인 난쟁이들을 발견하고 나는 깜짝 놀랐다. 이들의 야크 음식은 내가 먹어본 것들 중 최고였다. 프라이팬으로 빠르게 만드는 이 빵은 어땠냐고? 풍미가 뛰어나고 묵직하며 부드러운 크림 수프와 거의 완벽하게 어울린다.

숙련도: 수습 요리

준비 시간: 10분

조리 시간: 15분

분량: 작은 원형 모양으로 약 8개

어울리는 음식: 깊은땅 뿌리 말랭이(43쪽), 달지 않은 쳐트니, 수프, 페타 치즈, 위안의 국물(25쪽), 뿌리채소 국(123쪽)

익히지 않은 붉은 렌틸콩 … 1컵

끓는 물 … 1¼컵

마늘 … 2쪽

달걀(특란) … 1개

밀가루(중력분) … 1/2컵

카레 가루 … 약간

베이킹파우더 … 1/2작은술

소금, 후추 … 각각 약간씩

카놀라 오일(조리용)

1. 렌틸콩과 끓는 물을 중간 크기의 내열 그릇이나 주둥이가 있는 큰 계량컵에 넣고 섞는다. 핸드 블렌더(또는 푸드 프로세서)로 큰 덩어리가 남지 않을 때까지 갈아서 퓌레로 만든다. 남은 재료들도 넣고 반죽이 매끈해질 때까지 블렌더로 섞은 후 5~10분간 둔다.

2. 코팅 프라이팬을 중불에 올리고 가볍게 기름을 두른다. 프라이팬이 뜨겁게 달궈지면 반죽을 팬에 붓거나 국자로 떠서 넣는다. 케이크의 중간 부분에 거품이 일고 가장자리가 굳기 시작할 때까지 몇 분간 익힌다. 조심스럽게 뒤집고 양면 모두 황갈색이 될 때까지 1분 정도 더 굽는다.

땅콩 맥주빵

영원의 섬 – 나의 좋은 친구인 그림손 레드비어드는 재료를 획기적으로 조합하는 것으로 유명한데, 이 레시피도 예외가 아니다. 견과류를 약간 넣은 이 맥주빵만 먹어도 맛있지만 버거나 두툼한 샌드위치로 만들어 먹으면 훨씬 더 맛있다.

숙련도: 수습 요리
준비 시간: 10분
대기 시간: 2시간
굽는 시간: 18분
분량: 번 8개
어울리는 음식:
샌드위치 햄류

따뜻한 물 … 1/2컵

호두 … 1컵

상온에 둔 스타우트 맥주 … 1/2컵

흑설탕 … 1/4컵

활성 드라이 이스트 … 2큰술

부드럽게 해둔 무염 버터 … 2큰술

달걀(특란) … 2개(1개씩 나누기)

소금 … 1작은술

밀가루(중력분) … 3½~4 컵

참깨 … 1큰술

사용 가능한 요리:

어둠구덩이 버섯 버거(45쪽)

1. 먼저 푸드 프로세서에 물과 호두를 넣고 매끈해질 때까지 갈아준다. 이 혼합물을 큰 믹싱볼로 옮긴다. 맥주, 흑설탕, 활성 드라이 이스트를 넣고 거품이 일 때까지 몇 분간 그대로 둔다. 버터와 달걀 1개 그리고 나머지 1개의 달걀은 노른자만 넣고 흰자는 남겨둔다.

2. 소금을 넣고 저은 후 밀가루를 천천히 넣으면서 질척하지 않은 반죽을 만든다. 가볍게 밀가루를 뿌린 작업대 위에서 몇 분간 반죽을 치댄 다음 가볍게 기름칠을 한 믹싱볼에 옮겨 담는다. 랩으로 덮어 따뜻한 장소에서 크기가 2배로 부풀 때까지 약 1시간 동안 둔다.

3. 빵을 만들 준비가 되면 오븐을 190°C로 예열하고 베이킹 시트에 유산지를 깐다. 반죽의 공기를 빼고 똑같은 크기로 8등분한다. 각각의 조각을 공 모양으로 굴려 준비된 베이킹 시트에 일정한 간격을 두고 올린다.

4. 1시간 정도 더 부풀린 후, 약간의 물을 넣고 저어둔 남은 달걀 흰자를 붓으로 바른다. 참깨를 1꼬집 뿌리고 황갈색이 될 때까지 약 18분간 굽는다.

구운 치즈 만두

숙련도: 전문 요리

준비 시간: 30분

대기 시간: 10분

조리 시간: 15분

분량: 24개

어울리는 음식: 사워크림,
캐러멜색이 나도록 짙게
볶은 양파, 맥주 한 병

영원의 섬 – 푸짐하고 즙이 풍부한 이 음식은 영원의 섬에 갈 때 놓쳐서는 안 된다! 이건 내 친구 그림손이 좋아하는 또 다른 음식으로, 그는 이 만두를 먹을 때 약간의 흑설탕과 간장을 살짝 뿌리고 캐러멜처럼 끈적하게 졸여서 볶은 양파를 수북이 올려 먹는다.

필링용:

러셋 감자(껍질을 벗겨 깍둑썰기) … 1개

껍질을 벗긴 통마늘 … 1통

리코타 치즈 … 113g

사워크림 … 1/4컵

참기름 … 1큰술

소금, 후추(취향에 따라 준비)

반죽용:

밀가루(중력분) … 2컵

소금 … 1작은술

달걀(특란) … 1개

사워크림 … 1/4컵

녹인 무염 버터 … 3큰술 + 조금(조리용)

물(필요에 따라 준비) … 1/4컵

필링 만드는 법:

1. 중간 크기의 냄비에 소금을 넣고 물을 끓인다. 껍질을 벗긴 감자와 마늘을 냄비에 넣고 포크가 부드럽게 들어갈 때까지 10분 정도 삶는다. 감자가 익는 동안 반죽을 만든다.

반죽 만드는 법:

2. 중간 크기의 믹싱볼에 밀가루와 소금을 넣고 섞는다. 밀가루 가운데에 작은 공간을 만들고 달걀, 사워크림, 버터를 넣는다. 넣은 재료들을 밀가루와 골고루 섞은 후 이 혼합물이 부서지지 않는 매끈한 반죽이 될 때까지 한 번에 물을 조금씩 넣어가며 반죽한다. 반죽을 덮개로 덮고 필링을 만드는 동안 약 20분 정도 한쪽에 둔다.

3. 포크로 찔렀을 때 부드럽게 느껴질 정도로 감자가 익으면 물을 따라 버리고 마늘과 함께 푸드 프로세서의 용기에 옮겨 담는다. 남은 필링 재료를 넣고 걸쭉한 페이스트가 될 때까지 프로세서를 돌린다. 한쪽에 두고 약 10분 정도 식힌다.

4. 만두를 만드는 동안 중간 크기의 냄비에 물을 넣고 끓인다.

〈다음 장에서 계속〉

117

구운 치즈 만두(계속)

5. 반죽을 반으로 나누고 밀가루를 얇게 뿌린 작업대 위에 놓은 뒤 0.3cm 두께로 민다. 10cm 지름의 원형 커터나 주둥이가 큰 컵을 사용해 반죽에서 12개의 원을 잘라낸다. 남은 반죽은 따로 두고 남은 절반의 반죽으로 같은 과정을 반복한다.

6. 작업대 위에 원형 반죽들을 배열하고 각 원의 가장자리에 붓으로 물을 살짝 바른 뒤 반죽 중간에 필링 1큰술을 숟가락으로 떠서 넣는다. 한 번에 하나씩 필링을 중심으로 반죽을 반으로 접은 다음 이음 부분을 꼬집어서 붙인다. 한쪽에 옮겨두고 모든 만두가 완성될 때까지 이 과정을 반복한다.

7. 한 번에 4~6개의 만두를 준비하여 끓는 물이 담긴 냄비에 몇 개를 떨어뜨린다. 만두는 밑바닥에 가라앉았다가 익으면서 서서히 위로 떠오른다. 물 표면에 동동 떠서 움직이도록 몇 초간 두었다가 체로 떠서 접시에 담는다.

8. 만두를 구우려면 중간 크기의 프라이팬에 무염 버터 1큰술을 넣고 녹인다. 여러 번 나누어 작업하면서(필요할 경우 버터를 조금 더 넣으면서) 만두를 프라이팬에 넣고 한쪽 면이 황갈색이 될 때까지 구운 후 뒤집어 다른 면도 굽는다. 바로 식탁에 올린다.

마의 따뜻한 야크 꼬리찜

숙련도: 수습 요리
준비 시간: 10분
조리 시간: 2시간
분량: 밥에 얹어 2인분
어울리는 음식: 밥, 국수, 라이스 푸딩

네 바람의 계곡 – 판다리아의 미지근한 야크구이 수프가 더 유명할 수도 있지만 이 음식도 이것만의 특별한 맛이 있다. 원래는 마을 전체가 먹기 위해 김이 모락모락 나는 거대한 가마솥에서 주로 만들지만, 이 책에서는 작은 주방에 맞도록 양을 줄였다. 이렇게 만들어진 스튜는 향신료와 건강한 농장에서 기른 좋은 것들이 들어가 깊은 풍미를 낸다.

참기름 ⋯ 1큰술

소꼬리 ⋯ 1.4kg

다진 생강 ⋯ 2.5cm 한 마디분

다진 마늘 ⋯ 5쪽분

스타아니스 ⋯ 3개

정향 가루 ⋯ 1꼬집

큰 월계수 잎 ⋯ 2장

간장 ⋯ 3큰술

흑설탕 ⋯ 1큰술

물 ⋯ 2컵 + 조금(필요할 경우)

소금(취향에 따라 준비)

함께 먹을 쌀밥

1. 큰 냄비에 참기름을 넣고 중불에서 달군다. 여러 번에 나누어서 소꼬리를 몇 조각씩 넣고 모든 면이 갈색이 되도록 굽는다. 구운 소꼬리를 접시에 담고 냄비에 생강과 마늘을 넣은 뒤 황갈색으로 변하면서 향이 올라올 때까지 몇 분간 익힌다.

2. 나머지 향신료, 액체와 함께 소꼬리를 다시 넣는다. 불 세기를 약불로 줄이고 냄비의 뚜껑을 덮는다. 물이 너무 빨리 끓으면 필요할 경우 물을 조금 더 넣고 약 2시간 동안 뭉근히 끓인다. 전체적으로 고르게 익도록 소꼬리를 가끔씩 뒤집어준다.

3. 고기가 부드러워지고 국물이 거의 졸아들면 소꼬리를 접시에 꺼내 놓는다. 손으로 만질 수 있을 정도로 고기가 충분히 식으면 고기를 뼈에서 뜯어내거나 자르고 지방이 많은 부분은 떼어낸다. 월계수 잎과 스타아니스도 꺼낸다. 고기를 다시 소스에 넣고 소금을 넣어 간을 맞춘 후 밥 위에 올려 식탁에 올린다.

뿌리채소 국

쿤라이 봉우리 – 이것은 판다리아에서 내가 어렸을 때 매우 좋아했던 음식들 중 하나다. 원래의 레시피에 나만의 특별한 변형을 주었지만 내가 기억하는 대로 여전히 건강하고 위안을 주는 음식이다.

숙련도: 수습 요리
준비 시간: 10분
조리 시간: 30분
분량: 4인분
어울리는 음식: 깊은땅 뿌리 말랭이(43쪽), 그루멀빵(113쪽)

식물성 식용유 … 1큰술

서양 대파의 흰 부분과 녹색 부분(0.6cm 두께로 슬라이스하기) … 2대

당근(껍질을 벗기고 채썰기) … 2개

버터넛 스쿼시(껍질을 벗기고 다지기) … 1/3개

감자(껍질을 벗기고 깍둑썰기) … 1개

채소 육수 … 6컵

미소 된장 … 1~2큰술

소바 면 … 85g

참기름 … 1~2작은술

1. 중간 크기의 냄비에 식물성 식용유를 두르고 서양 대파를 넣은 뒤 중불에서 부드러워질 때까지 몇 분간 익힌다. 나머지 채소와 채소 육수를 넣은 후 끓인다. 가벼운 맛을 원하면 미소 된장 1큰술을 넣고, 좀 더 진한 맛을 원한다면 2큰술을 넣는다. 불 세기를 중약불로 낮추고 약 25분간 뭉근히 끓인 후 채소가 모두 부드러워졌는지 확인한다.

2. 채소가 속까지 다 익으면 소바 면을 넣고 면이 완전히 익을 때까지 1분 정도 더 익힌다. 참기름을 넣고 즉시 식탁에 올린다.

노미의 메모: 집에 있는 뿌리채소는 무엇이든 자유롭게 사용하되 잘게 썰어서 최대 4컵 정도 사용하면 된다. 때때로 나는 먹기 직전에 스튜에 약간 자극적인 맛을 주기 위해 매운 고춧가루를 살짝 뿌려 먹는 것도 좋아한다.

정신 나간 양조장이의 아침 식사

숙련도: 숙련 요리
준비 시간: 10분
분량: 1인분
어울리는 음식:
베이컨(많을수록 좋음)

네 바람의 계곡 – 이것은 양조의 대가 보보 아이언포우의 레시피들 중 하나로, 여행하는 동안 이와 같은 것은 한 번도 경험해보지 못했다. 그는 매일 아침 엄격한 명상과 더불어 이것을 한 잔씩 마시며 건강한 삶을 다짐한다.

신선한 라임즙 … 1큰술

그린 살사(선호하는 맵기) … 1/4컵

녹색 사과(심을 제거한 후 깍둑썰기) … 1/2개

어린 시금치 잎 … 1/2컵

물 … 1/2컵

플레인 요거트 … 1/4컵

테두리용 매운 양념(16쪽) … 1큰술

신선한 사과(장식용)

구운 베이컨(장식용)

방울토마토(장식용)

신선한 파슬리 줄기(장식용)

모든 재료를 유리 물병이나 그릇에 넣고 핸드 블렌드를 이용해 매끈해질 때까지 섞는다. 체에 걸러 유리잔에 붓고 장식한 후 차갑게 먹는다.

노미의 메모: 간단한 버전으로 만든 이 음료도 좋지만 보보 아이언포우는 날달걀을 풀어 넣어서 즐긴다. 아침 식사를 한입에 꿀떡 먹는다니! 마시는 식사의 진정한 재미를 위해 독한 술을 2~4큰술 정도 추가해서 먹는 사람들도 있다고 알려져 있다!

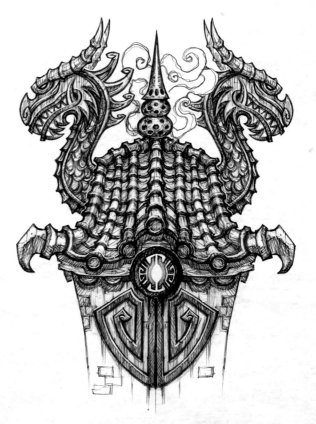

어둠땅

폭신한 치아바타

숙련도: 숙련 요리
준비 시간: 10분
대기 시간: 1시간 15분
굽는 시간: 25~30분
분량: 작은 치아바타 8개
어울리는 음식:
스톰윈드 향초(17쪽)와
섞은 올리브 오일

승천의 보루 – 이제 더 이상 다른 빵을 만드는 레시피는 필요 없다고 생각할 수 있겠지만, 만일 문명과 멀리 떨어진 곳에서 가볍고 폭신한 빵에 대한 갈망이 생긴다면 어떡하겠는가? 샌드위치나 수프와 찰떡궁합인 이 치아바타는 분명 만드는 법을 숙달할 만한 가치가 있는 빵으로 한결같은 천상의 가벼움을 선사할 것이다.

따뜻한 물 … 1½컵

설탕 … 1작은술

활성 드라이 이스트 … 1½작은술

굵은 소금 … 1작은술

밀가루(중력분) … 3컵(2컵, 1컵으로 나누기) + 조금
(덧가루용)

올리브 오일 … 2작은술 + 조금(믹싱볼에 바르는 용도)

1. 중간 크기의 믹싱볼에 물과 설탕, 이스트를 섞은 후 이스트가 활성화 될 때까지 몇 분 정도 둔다. 소금과 밀가루 2컵을 넣고 핸드 믹서를 중속으로 하여 반죽의 질감이 질척거릴 때까지 5분 정도 섞는다. 남은 밀가루 1컵을 넣고 섞는다.

2. 크고 깨끗한 믹싱볼에 가볍게 기름을 바르고 반죽을 여기에 옮겨 담는다. 반죽 표면에 기름을 조금 더 바른 다음 랩이나 젖은 타월로 덮어 크기가 2배로 부풀 때까지 약 1시간 동안 따뜻한 곳에 둔다.

3. 반죽이 부풀어 오르면 오븐을 205℃로 예열하고 베이킹 시트에 유산지를 깔아둔다. 깨끗한 작업대 위에 밀가루를 넉넉히 뿌리고 그 위에 반죽을 조심스럽게 올린다. 반죽의 폭신하고 가벼운 상태를 유지하기 위해 가능한 한 손을 적게 댄다.

4. 반죽을 직사각형(10×30cm)으로 만든다. 잘 드는 칼이나 벤치 스크레이퍼를 이용해 반죽의 가운데를 똑바로 자른 후 8등분 한다. 이 반죽들을 조심스럽게 베이킹 시트로 옮겨 약 15분 정도 발효한다. 연한 황갈색으로 변할 때까지 25~30분간 굽는다. 이 치아바타는 그냥 먹어도 좋고 샌드위치용 빵으로도 훌륭하다.

밤의 수확물 롤빵

레벤드레스 – 반죽을 작은 꽃 모양으로 돌돌 만 이 롤빵은 직접 수확하고 싶은 마음이 드는, 먹을 수 있는 꽃다발이다. 롤빵의 식감은 부드럽고 폭신하여 수프에서 잼에 이르기까지 모든 것에 완벽하게 어울린다.

숙련도: 수습 요리
준비 시간: 10분
대기 시간: 1시간 30분
굽는 시간: 22분
분량: 8롤
어울리는 음식: 수프와 스튜, 푸짐한 로스트

따뜻한 물 ⋯ 1/2컵

당밀 ⋯ 2큰술

인스턴트 드라이 이스트 ⋯ 2작은술

코코아 가루 ⋯ 1큰술

흑설탕 ⋯ 2큰술

소금 ⋯ 1꼬집

상온에 둔 달걀(특란) ⋯ 1개

밀가루(중력분) ⋯ 1½컵

거친 통밀가루 ⋯ 1컵

녹인 무염 버터 ⋯ 2큰술 + 조금(붓질용)

1. 중간 크기의 믹싱볼에 물과 당밀을 넣고 섞는다. 이스트를 넣고 활성화 될 때까지 1분 정도 둔다. 코코아 파우더, 흑설탕, 소금, 달걀을 넣고 밀가루와 통밀가루를 천천히 넣는다. 밀가루를 약간 뿌린 작업대 위에 반죽을 올리고, 반죽을 손가락으로 찌르면 다시 튀어 오를 때까지 치댄다. 버터를 가볍게 바른 믹싱볼에 반죽을 넣고 랩이나 젖은 타월로 덮어 크기가 2배가 될 때까지 1시간 정도 둔다.

2. 오븐을 175°C로 예열하고 원형 케이크 틀(20cm)에 가볍게 버터를 바른다. 반죽을 대략 같은 크기로 8등분하고 각각의 반죽을 약 15~20cm 길이로 길쭉하게 민다. 각각의 반죽을 0.6cm 정도로 납작하게 민 후 꽃 모양이 나오도록 돌돌 만다. 준비된 케이크 틀에 모양을 잡은 반죽을 넣고 약 30분간 부풀린다. 롤의 윗부분이 황갈색으로 변할 때까지 22분간 굽는다. 오븐에서 꺼낸 후 즉시 붓으로 버터를 발라준다.

고요사냥개

숙련도: 숙련 요리
준비 시간: 10분
조리 시간: 20분
분량: 약 24개
어울리는 음식:
잿불 양념(19쪽)

오리보스 – 전설에 따르면 이 맛있는 간식은 원래 어둠땅을 순찰하는 여러 사냥꾼들의 주의를 산만하게 하기 위해 사용되었다고 하지만 이것이 사실인지는 알 수 없다. 내게는 이것이 미지의 곳을 향해 떠나기 전 간단한 간식으로 먹는 것이 더 좋아 보인다.

식물성 식용유(튀김용)

옥수숫가루 … 1컵

밀가루(중력분) … 1/2컵

소금, 후추 … 1꼬집씩

베이킹파우더 … 1½작은술

형이상학적 향신료 혼합물(18쪽) … 1/2작은술

신선한 혹은 통조림 옥수수 알갱이 … 1/2컵

달걀 … 1개

꿀 … 1큰술

버터밀크 … 2/3컵

1. 바닥이 두꺼운 중간 크기의 냄비에 약 5cm 정도 높이로 기름을 붓는다. 중강불에 냄비를 올리고 175℃가 될 때까지 기름을 가열하는데, 정확한 온도를 위해 온도계를 사용하거나 나무 숟가락의 끝부분을 기름에 담가 확인하도록 한다. 숟가락 끝 주변에 거품이 생기면 기름이 충분히 뜨거워진 것이다.

2. 기름이 가열되는 동안 중간 크기의 믹싱볼에 마른 재료들을 넣고 섞는다. 옥수수 알갱이를 넣은 다음 달걀과 꿀을 넣고 둥근 모양을 만들 수 있을 정도로 충분히 촉촉한 반죽이 될 때까지 버터밀크를 넣고 젓는다.

3. 반죽을 공 모양(지름 2.5cm)으로 만든 다음 한 번에 여러 개씩 뜨거운 기름에 떨어뜨린다. 노릇한 황갈색으로 변하고 속이 모두 익을 때까지 이따금씩 뒤집어가며 몇 분간 튀긴다. 갓 튀겨서 따뜻할 때 먹는 것이 가장 맛있다.

노미의 메모: 고요사냥개에 생기를 조금 더하고 싶다면, 씨를 제거한 할라페뇨를 다져서 반죽에 넣어보자.

다진 채소

숙련도: 수습 요리

준비 시간: 10분

조리 시간: 15분

분량: 2인분

어울리는 음식: 로스트
치킨 또는 칠면조

승천의 보루 – 이제 당신이 무슨 생각을 하고 있을지 짐작이 간다. 노미, 누가 다진 채소 레시피 따위를 필요로 하겠어? 하지만 나는 여기서 훌륭한 사이드 요리의 중요성을 절대 과소평가해서는 안 된다고 말하고자 한다! 약간 단맛이 도는 이 기본 음식은 푸짐한 채소들이 가득 들어 있어 맛있는 구이 요리에 곁들이기 좋다.

버터 ⋯ 3큰술

자주색 순무(껍질을 벗겨 깍둑썰기) ⋯ 중간 크기 2개

당근(껍질을 벗겨 깍둑썰기) ⋯ 중간 크기 2개

양송이버섯(깍둑썰기) ⋯ 115g

닭 육수 ⋯ 3/4컵

흑설탕 ⋯ 2큰술

옥수수 전분 ⋯ 1작은술

소금, 후추

1. 중간 크기의 프라이팬을 중불에 올려 버터를 녹인다. 버터가 옅은 갈색으로 변하면서 견과류 냄새가 나기 시작할 때까지 버터를 가열한다. 순무와 당근을 넣고 갈색으로 변하면서 부드러워지기 시작할 때까지 몇 분간 익힌다. 버섯과 닭 육수를 넣은 후 뚜껑을 덮고 채소가 모두 부드러워질 때까지 5~10분 정도 익힌다.

2. 흑설탕과 옥수수 전분을 섞은 후 프라이팬에 넣는다. 걸쭉한 소스가 될 때까지 저은 후 뚜껑을 닫지 않고 몇 분간 더 가열한다. 소금과 후추로 간을 한 후 따뜻하게 먹는다.

노미의 메모: 만약 순무를 별로 좋아하지 않는다면 (판다리아에서 이런 이야기는 들어보지 못했지만!) 이 레시피를 조금 더 달게 만드는 파스닙으로 대체할 수 있다. 다른 채소들도 얼마든지 자유롭게 시도해봐도 좋다!

교만몰락 보르쉬

숙련도: 숙련 요리
준비 시간: 15분
조리 시간: 1시간
분량: 4인분
어울리는 요리: 껍질이
바삭한 빵 끝부분

레벤드레스 – 어둠땅에 얼마나 다양한 채소가 자생하는지 혹은 얼마나 많은 채소가 진짜로 먹을 수 있는 것인지는 모르겠지만, 이 레시피는 교만몰락 마을에서 유래된 것으로 알려져 있다. 레벤드레스에서는 결코 좋은 수프 레시피를 찾을 수 없을 것이라고 생각할 수도 있지만 이 수프는 가장 어두운 곳에서도 몇 줄기의 빛을 찾을 수 있다는 것을 보여준다. 다양한 식감이 멋지게 어우러지고 케피어를 넣어서 톡 쏘는 독특한 맛이 나기 때문에 이 수프는 뜨겁게 혹은 차갑게 먹어도 그 맛이 일품이다.

비트(껍질을 벗겨 큼직하게 썰기) … 중간 크기 2개

올리브 오일 … 1큰술

감자(껍질을 벗겨 깍둑썰기) … 1개

케피어 … 4컵

레몬 슬라이스(맛 보강용)

신선한 딜(장식용)

다진 삶은 달걀 … 2개분

1. 오븐을 230℃로 예열한다. 비트는 기름으로 문질러 알루미늄 포일로 감싼다. 비트가 말랑해지고 포크가 쑥 들어갈 수 있는 상태가 될 때까지 약 45분간 굽는다. 비트의 반을 대충 다져 큰 믹싱볼에 옮겨 담는다. 나머지 절반은 깍둑썰기를 하여 한쪽에 준비해둔다.

2. 비트를 굽는 동안 작은 냄비에 물을 넣고 끓인다. 여기에 감자를 넣고 부드러워질 때까지 약 10~15분간 익힌다. 물기를 빼고 한쪽에 준비해둔다.

3. 비트가 다 준비되면 다진 비트가 담긴 믹싱볼에 케피어를 넣는다. 핸드 블렌더 또는 일반 블렌더로 매끈한 농도가 될 때까지 갈아서 퓌레를 만든다.

4. 체에 걸러 액상은 보관하고 찌꺼기는 버린다. 보르쉬를 서빙 그릇에 붓고 레몬과 딜로 맛을 낸 후 익힌 감자와 깍둑썰기해둔 비트와 삶은 달걀을 위에 올린다. 이 수프는 뜨겁게 또는 차갑게 먹을 수 있다.

육즙이 넘치는 사과 만두

숙련도: 숙련 요리
준비 시간: 15분
굽는 시간: 25분
분량: 2인분(메인 요리)
또는 4인분(사이드 요리)
어울리는 음식:
해시 브라운

오리보스 – 자, 대부분의 사람은 사과 만두를 생각할 때 반죽이 있거나 보통 디저트 같은 것을 생각한다. 그러나 이 디저트의 특별한 점은 반죽이 전혀 없다는 것이다! 대신 군침 도는 맛있는 소시지와 사과의 조합이 완벽하고 든든한 간식이 되어줄 것이다.

크고 단단하고 아삭한 사과 … 2개

껍질을 제거한 혹은 껍질이 없는 소시지 … 225g

강판에 간 체더 치즈 … 1/2컵

형이상학적 향신료 혼합물(18쪽) … 1작은술

소금, 후추(취향에 따라 준비)

바비큐 소스 … 1/4컵(또는 기호에 따라 그 이상)

1. 사과 2개 모두 수평으로 반으로 자른다. 멜론 볼러나 작은 숟가락으로 사과의 심지를 파낸다. 껍질에 붙은 과육을 0.6cm 정도 두께로 남기고 사과의 속을 파낸다. 속이 빈 사과를 작은 베이킹 시트 위에 올리고 나머지 사과 과육을 대충 다진다.

2. 오븐을 205°C로 예열한다. 중간 크기의 냄비에 소시지를 넣은 뒤 중강불에서 완전히 갈색으로 변하고 고슬고슬해질 때까지 약 10분간 조리한다. 나오는 기름을 모두 제거한다. 다진 사과를 넣고 부드러워질 때까지 몇 분 더 익힌다. 불에서 내린 후 치즈와 형이상학적 향신료 혼합물, 소금, 후추를 넣고 섞는다. 속을 파내 반으로 나눈 사과 조각 중 4개에 이 필링을 고르게 나누어 담으며, 최대한 많이 채울 수 있도록 필링을 눌러 담아 작은 더미처럼 올린다. 사과가 흐물거리지 않을 때까지 약 20~25분간 굽는다. 오븐에서 꺼내 서빙 접시에 올리고 바비큐 소스를 뿌린다.

아이스크림을 얹은 스테이크

숙련도: 전문 요리
준비 시간: 10분
조리 시간: 30분
분량: 2인분
어울리는 음식: 레드 와인

오리보스 – 이 요리는 구성 요소가 많은 것 같지만 조금만 준비하면 정말 끝내주는 저녁을 먹을 수 있다. 게다가 스테이크용 고기를 이용하거나 조리 후 스테이크를 슬라이스하면 걸으면서 먹기 충분한 양을 만들 수 있다. 스테이크를 먹으며 이동하는 것이다! 이런 형태의 스테이크가 머지않아 다크문 축제에서 히트를 친다고 해도 놀랄 일은 아니다….

베이킹용 감자(껍질을 벗기고 깍둑썰기) … 1개

껍질을 벗긴 통마늘 … 1쪽

무염 버터 … 5큰술(2큰술 + 3큰술씩 나누기)

생크림 … 2~3큰술

뼈가 없는 스테이크(2.5cm 두께) … 2조각

소금, 후추 … 넉넉하게 1꼬집씩

형이상학적 향신료 혼합물(18쪽) … 1작은술

육수 분사(20쪽) … 1회분

사워크림(장식용)

방울토마토(장식용)

곱게 다지거나 강판에 간 체더와 같은 치즈(장식용)

1. 중간 크기의 냄비에 물을 반 정도 채우고 끓인다. 썰어둔 감자와 마늘을 넣고 포크가 부드럽게 들어갈 때까지 약 15분간 익힌다.

2. 감자와 마늘의 물기를 빼고 작은 믹싱볼에 옮겨 담는다. 여기에 버터 2큰술과 생크림을 넣어 으깨는데 이때 생크림의 형태가 풀어지지 않고 길쭉한 농도가 나올 정도의 양만 넣는다. 한쪽으로 옮겨 따뜻하게 보관한다.

3. 중불에 중간 크기의 프라이팬을 올린다. 스테이크 양면에 소금, 후추, 형이상학적 향신료 혼합물을 골고루 뿌리고 남은 버터를 발라 문지른다. 스테이크를 뜨거운 팬에 올리고 양면이 갈색이 될 때까지 약 7분 동안 익힌다. 고기를 뒤집어서 가장자리가 완전히 갈색이 될 때까지 5분 정도 더 익힌다. 고기 온도계가 있다면 스테이크 내부가 약 57~60°C가 될 경우 미디엄 레어다.

4. 음식을 마무리하기 위해 스테이크가 여전히 뜨거울 때 접시에 담고 그 위에 으깬 감자를 얹는다(최상의 모양을 위해서는 아이스크림 스쿱을 사용하라). 육수 분사를 뿌린 후 그 위에 사워크림을 약간 올린다. 방울토마토 하나를 위에 올리고 치즈를 뿌려 마무리한 후 바로 식탁에 올린다.

몽환사과 파이

몽환숲 – 몽환숲에서는 이국적인 과일들을 많이 볼 수 있지만 이곳의 평범한 사과는 지금껏 내가 맛본 것 중 최고다. 이 레시피는 담백한 향신료가 과일의 풍미를 살려줘 맛이 풍부하고 영혼을 울리는 파이를 만들어낸다.

숙련도: 숙련 요리

준비 시간: 30분

식힘 시간: 1시간

굽는 시간: 35분

분량: 파이 1개, 약 8인분

어울리는 음식: 수라마르 향신료 차(53쪽), 바닐라 또는 생강 아이스크림

반죽용:

밀가루(중력분) … 2컵

익히지 않은 퀵 오트밀 또는 옛날식 오트밀 … 1/2컵

단단하게 눌러 담은 흑설탕 … 1/4컵

소금 … 1꼬집

차가운 무염 버터(조각으로 자르기) … 8큰술

찬물 … 1/2컵

필링용:

중간 정도로 신맛이 나는 단단한 사과 … 1.4kg

신선한 레몬즙 … 2큰술

무염 버터 … 2큰술

흑설탕 … 1/2컵

다진 생강 편강 … 2큰술

골든 레이즌(황금색 건포도) … 1/2컵

옥수수 전분 … 3큰술

생크림 … 1큰술

설탕 … 1큰술

반죽 만드는 법:

1. 푸드 프로세서의 용기에 마른 재료들을 넣고 펄스 모드로 돌려 몇 차례씩 끊어가며 섞는다. 버터를 넣고 완두콩보다 더 큰 조각이 보이지 않을 때까지 펄스 모드로 섞는다. 물을 흘려 넣으면서 반죽이 공 모양이 될 때까지 몇 차례 더 펄스 모드로 섞는다. 랩으로 반죽을 감싸 필링을 준비하는 동안 최소 1시간은 냉장고에 넣어 차게 해둔다.

필링 만드는 법:

2. 사과의 껍질을 벗겨 심지를 파내고 0.6cm 두께로 얇게 썰어 레몬즙과 함께 큰 믹싱볼에 넣고 버무려 갈변하지 않도록 한다. 큰 프라이팬을 중불에 올리고 버터를 녹인다. 사과와 남은 레몬즙을 흑설탕, 생강, 건포도와 함께 넣는다.

3. 사과가 부드러워지고 즙이 나오기 시작할 때까지 이따금씩 저어주며 10~15분 정도 익힌다. 사과 위에 옥수수 전분을 뿌리고 젓는다. 혼합물이 걸쭉해질 때까지 2분 정도 더 익힌다. 불을 끄고 식힌다.

조합하는 법:

4. 오븐을 190°C로 예열한다. 반죽을 적당히 반으로 나눈 다음 큰 부분을 납작한 원 모양(두께 0.3cm)으로 민다. 이것을 파이팬 위에 조심스럽게 씌우고 익힌 필링으로 채운다. 이 팬을 한쪽에 옮겨둔다. 남은 반죽을 밀어 1.3cm 너비의 긴 조각으로 자른다. 이것을 파이 위에 올려 십자형으로 엮은 다음 가장자리에 주름을 만들면서 반죽을 봉한다. 붓으로 생크림을 바르고 설탕을 뿌린다.

5. 파이 껍질이 황갈색이 될 때까지 약 35분간 굽는다.

노미의 메모: 파이에 약간의 색을 더하고 싶다면 건포도 대신 말린 크랜베리를 사용해보자.

황혼의 아몬드 무스

숙련도: 수습 요리

준비 시간: 15분

분량: 4~6인분

어울리는 음식: 아몬드 리큐어, 진한 커피

레벤드레스 – 이 아몬드 무스는 크림같이 매끄럽고 부드러운 디저트다. 어둠땅을 방문했던 무용담을 이야기하려고 돌아온 한 여행객으로부터 이 디저트를 알게 되었다. 그는 깊고 진한 견과류 맛이 황혼의 아몬드를 연상시킨다고 말했는데 이 아몬드는 너무나 진귀하여 그 맛 자체도 형용하기 어렵다. 나는 그의 말을 곧이곧대로 믿어야 하겠지만 확실한 사실은 이 차가운 디저트는 정말 맛있고 만들기도 쉽다는 것이다.

생크림 … 2컵

꿀 … 1/4컵

시나몬 가루 … 1꼬집

무가당 코코아 가루 … 2큰술

무가당 아몬드 버터 … 1/2컵

휘핑크림(장식용)

중간 크기의 믹싱볼에 생크림, 꿀, 시나몬 가루, 코코아 가루를 넣고 섞는다. 핸드 믹서로 부드러운 뿔이 막 생기기 시작할 때까지 휘저은 다음 아몬드 버터를 넣는다. 재료들이 모두 섞일 때까지 저은 후 바로 먹거나 덮개를 덮어 최대 하루까지 식힌다. 휘핑크림을 위에 올리고 차려낸다.

숙련도: 기초 요리

준비 시간: 5분

분량: 1인분

어울리는 것과 음식:
무더운 여름날,
까마귀딸기 타르트(91쪽)

망령열매 과일주

레벤드레스 – 이 멋진 음료는 긴 하루의 끝에 벌컥벌컥 마시기 좋은데, 상쾌한 과일 맛이 틀림없이 기운을 북돋워 줄 것이다. 톡 쏘는 시트러스와 즙이 풍부한 베리로 만든 이 음료는 이승에서 저승까지 향하는 동안 휴식이 필요할 때 마시기 좋은 가볍고 상쾌한 술이다.

순한 맥주(가급적이면 차가운 라거와 같은 맥주)
… 1½컵

엘더베리 또는 블랙커런트 농축액(리베나와 같은 것)
… 3큰술

레몬즙 … 한 방울

레몬 웨지(장식용)

거품이 너무 많이 생기지 않도록 조심하면서 서빙용 잔의 측면을 따라 맥주를 붓는다. 엘더베리 농축액을 맥주의 중간에 쭉 따른 후 레몬즙을 넣는다. 차가울 때 마신다.

다크문 축제

놈리건 닭강정

숙련도: 숙련 요리
준비 시간: 10분
조리 시간: 15분
분량: 4인분
어울리는 음식:
스위트 칠리 소스

다크문 축제 – 맛있는 음식보다 더 좋은 것은 없다! 다크문 축제에서 인기 있는 이 간식은 부드럽고 하얀 고기 조각을 꼬치에 끼워 통째로 튀긴 것으로 축제 참가자들이 가지고 다니며 먹는다.

식물성 식용유(필요에 따라 준비) ⋯ 1~2컵

버터밀크 ⋯ 1/2컵

달걀(특란) ⋯ 1개

밀가루(중력분) ⋯ 1½컵(절반씩 나누기)

매운 양념(16쪽) ⋯ 2큰술

뼈 없는 돼지 등심(2.5cm 크기로 자르기) ⋯ 450g

소금 ⋯ 1꼬집

1. 바닥이 두꺼운 중간 크기의 소스팬에 2.5~5cm 정도 높이로 기름을 붓는다. 중불에 소스팬을 올리고 175℃가 될 때까지 기름을 가열하는데 정확한 온도를 위해 온도계를 사용하거나 나무 숟가락의 끝부분을 기름에 담가 확인하도록 한다. 숟가락 끝 주변에 거품이 생기면 기름이 충분히 뜨거워진 것이다.

2. 작은 믹싱볼에 버터밀크와 달걀을 넣고 섞은 후 밀가루를 2개의 작은 그릇에 똑같이 나누어 담는다. 두 번째 밀가루 그릇에 매운 양념을 넣고 그릇들을 작업대 위에 배열한다. 큐브 모양으로 썬 돼지고기를 먼저 밀가루에 넣었다가 달걀 혼합물에 담근 후 여분의 혼합물은 털어내고 마지막으로 매운 양념과 섞은 밀가루를 입힌다. 돼지고기에 튀김옷이 다 입혀지면 뜨거운 기름 속에 조심스럽게 떨어뜨린다. 기름은 재료를 넣으면 곧바로 지글지글 끓어야 한다. 튀김옷이 짙은 황금색이 될 때까지 한 면당 약 2분 30초씩 익힌다. 깔아둔 접시에 기름을 흡수할 종이 타월을 깔고 나머지 돼지고기도 모두 익힌다. 소금으로 간을 맞춘다.

3. 다크문 축제 스타일로 먹으려면 익힌 돼지고기를 나무 꼬치에 꿰어 놓는다.

꿀 바른 고기 파이

숙련도: 숙련 요리
준비 시간: 30분
굽는 시간: 30분
분량: 1개(약 8인분)
어울리는 것과 음식: 톡 쏘는 맛의 치즈, 스타우트 에일, 좋은 친구들

다크문 축제 – 이 요리는 그 섬에서 유래한 것이라고 들었지만 나는 다크문 축제에서 우연히 만난 한 떠돌이 모험가로부터 처음 소개를 받았다. 이 맛있는 음식의 원래 레시피에는 재료 목록에 고기가 많이 들어 있었지만, 판다리아의 몇몇 채식주의자 지인을 위해 먹기 좋게 변형했다. 이 레시피로 처음부터 끝까지 맛이 깊고 풍부한 파이를 만들 수 있어서 고기가 들어가지 않았다는 것은 느끼지 못할 것이다.

녹색 또는 검은색 렌틸콩 … 1/2컵

채소 육수 … 2컵(1컵씩 나누기)

올리브 오일 … 1큰술

서양 대파의 흰 부분과 녹색 부분(씻어서 깍둑썰기) … 1대

셀러리(깍둑썰기) … 1줄기

고구마(껍질을 벗겨 깍둑썰기) … 1개

파스닙(껍질을 벗겨 깍둑썰기) … 1개

스톰윈드 향초(17쪽) … 1/2작은술

시나몬 가루 … 1꼬집

꿀 … 3큰술(2큰술+1큰술로 나누기)

무염 버터 … 3큰술(1큰술+2큰술로 나누기)

애플 사이다 식초 … 1큰술

밀가루(중력분) … 2큰술

파이 반죽(시판용) … 1개(또는 플레이키 파이 도우 (또다요) 1회분)

1. 렌틸콩을 채소 육수 1컵과 함께 작은 소스팬에 넣는다. 뚜껑을 덮고 렌틸콩이 물을 흡수해 부드러워질 때까지 중불에서 약 15분간 익힌다.

2. 별도의 냄비에 올리브 오일을 넣고 중불에서 달군 후 서양 대파와 셀러리를 넣고 부드러워질 때까지 5분 정도 익힌다. 고구마, 파스닙, 스톰윈드 향초, 시나몬 가루, 꿀 2큰술, 버터 1큰술, 남은 야채 육수 1컵을 넣고 젓는다. 채소가 부드러워질 때까지 15분간 익힌다. 애플 사이다 식초 1큰술을 넣고 밀가루를 뿌린 후 저어서 섞는다. 이 필링은 한쪽에 옮겨두고 식히면서 팬을 준비한다.

3. 파이 반죽의 반을 밀가루를 살짝 뿌린 작업대 위에 올려 0.6cm 두께로 민다. 반죽이 찢어지지 않도록 조심스럽게 파이팬에 올려 팬의 모양에 맞춘다. 이 파이 반죽에 필링을 조심스럽게 붓고 스패출러를 사용해 필링을 고르게 펴준다. 반죽의 나머지도 밀고 파이 위에 걸친 후 가장자리를 정리한 뒤 손가락이나 포크를 사용해 반죽 2장의 주름을 잡는다. 남은 버터 2큰술을 작은 내열 그릇에 넣고 녹인 다음 남은 꿀을 넣고 섞는다. 붓으로 이 버터-꿀 혼합물을 파이 반죽에 바른 후 크러스트가 황금색이 될 때까지 약 30분간 굽는다.

다크문 도넛

다크문 축제 – 다크문 도넛보다 더 고전적인 축제 음식이 있을까? 진한 베리 토핑을 올린 이 짙고 달콤한 간식은 낚시 미끼로도 종종 사용한다고 들었지만 이걸 시도해볼 만큼 도넛을 남긴 적이 한 번도 없었다!

숙련도: 숙련 요리

준비 시간: 15분

대기 시간: 1시간

튀기는 시간: 30분

분량: 작은 도넛으로 약 20개

어울리는 음식: 청미래덩굴 퐁당주(157쪽)

도넛용:

따뜻한 우유 … 1컵

녹인 무염 버터 … 8큰술

설탕 … 1/4컵

인스턴트 드라이 이스트 … 2작은술

가볍게 풀어둔 달걀(특란) … 2개

소금 … 1/2작은술

밀가루(중력분) … 4컵

식물성 식용유(튀김용)

글레이즈용:

녹인 무염 버터 … 4큰술

바닐라 농축액 … 한 방울

체에 친 슈거 파우더 … 1컵

우유 … 약 2큰술

소금 … 1꼬집

아이싱용:

크림치즈(실온 상태) … 2큰술

씨 없는 블랙베리 잼(따뜻하게 데우기) … 2큰술

체에 친 슈거 파우더 … 1컵

생강 가루 … 1/2작은술

생크림(필요에 따라 준비)

혼합 색상 스프링클(장식용)

도넛 만드는 법:

1. 우유, 버터, 설탕, 이스트를 중간 크기의 믹싱볼에 넣고 섞는다. 이스트가 활성화 될 때까지 몇 분 동안 두었다가 달걀과 소금을 넣는다. 반죽이 부드러워질 때까지 밀가루를 천천히 넣는다. 밀가루를 살짝 뿌린 작업대 위에 반죽을 올리고 손가락으로 눌렀을 때 다시 튀어 오를 정도까지 몇 분 동안 치댄다. 기름을 살짝 바른 믹싱볼에 반죽을 넣고 종이 타월로 덮은 뒤 크기가 2배로 부풀 때까지 약 1시간 동안 따뜻한 곳에 둔다.

2. 반죽이 준비되면 약 1.3cm 두께로 밀고 원형 커터나 입구가 넓은 컵을 이용하여 8~10cm 크기로 잘라낸다.

글레이즈 만드는 법:

3. 작은 그릇에 글레이즈 재료를 넣고 걸쭉하게 흐르는 질감이 날 때까지 잘 섞은 후 한쪽에 둔다.

4. 바닥이 두꺼운 중간 크기의 냄비에 2.5~5cm 높이로 식용유를 채운다. 중불에 올려 175°C가 될 때까지 가열하는데, 온도계를 사용하거나 나무 숟가락의 끝부분을 담가 확인하도록 한다. 숟가락 끝 주변에 거품이 생기면 기름이 충분히 뜨거워진 것이다. 종이 타월을 깐 내열 접시를 가까이 놓아둔다.

5. 도넛을 한 번에 여러 개씩 뜨거운 기름 속으로 조심스럽게 넣는다. 기름 온도가 너무 떨어질 수 있으므로 냄비가 꽉 차지 않도록 주의한다. 도넛이 황갈색이 될 때까지 면당 약 1분씩 익힌 후 준비된 접시에 옮겨서 기름기를 제거한다. 도넛이 따뜻할 때 베이킹 트레이 위의 식힘망으로 옮겨 글레이즈를 전체적으로 충분히 뿌린다. 완전히 식힌다.

아이싱 만드는 법:

6. 도넛이 식는 동안 크림치즈와 잼을 중간 크기의 믹싱볼에 넣고 핸드 믹서로 섞거나 패들이 부착된 반죽용 믹서의 믹싱볼에 넣고 섞은 후, 슈거 파우더와 생강 가루를 넣는다. 펴 바를 수 있는 농도가 될 때까지 생크림이나 슈거 파우더를 넣어 섞는다. 도넛 위에 링 모양으로 아이싱을 펴 바른 후 스프링클을 뿌린다.

청미래덩굴 퐁당주

숙련도: 숙련 요리

준비 시간: 5분

분량: 1인분

어울리는 것과 음식:
튀김 요리, 바비큐, 더운
여름 저녁, 어둠구덩이
버섯 버거(45쪽), 다크문
도넛 (155쪽)

다크문 축제 – 음악과 왁자지껄한 소리에 에워싸여 다크문 축제의 텐트촌을 거닐다 누군가가 나를 큰 소리로 불러 세우며 틀림없이 목이 마를 거라고 하는 말을 들었다. 사실 목이 말랐다! 실라니아라는 이름을 가진 사랑스러운 음료 배달원이 친절하게도 나에게 첫 퐁당주를 경험할 수 있게 해주었고, 그것을 또다시 맛보기 위해 다음 축제까지 기다릴 수는 없다는 것을 깨달았다. 나는 기억을 더듬어 이 레시피를 재구성했다.

딸기 아이스크림(티굴과 폴로르의 딸기 아이스크림 (29쪽)과 같은 것) ⋯ 몇 스쿱

사르사파릴라 또는 루트 비어 ⋯ 1½컵

큰 잔에 아이스크림을 넣고 사르사파릴라를 측면으로 조심스럽게 부어 거품이 너무 많이 생기지 않도록 한다. 바로 마신다.

노미의 메모: 다크문 축제에서 마지막으로 요리법을 수집했을 때, 나는 몇몇 손님이 그들의 사르사파릴라 속에 뭔가를 추가로 넣는 것을 눈치챘다. 얼마간 상세 조사 끝에, 버번과 같은 독한 술을 28g 정도 넣으면 좀 더 성숙한 느낌의 음료로 만들 수 있다는 것을 알게 되었다.

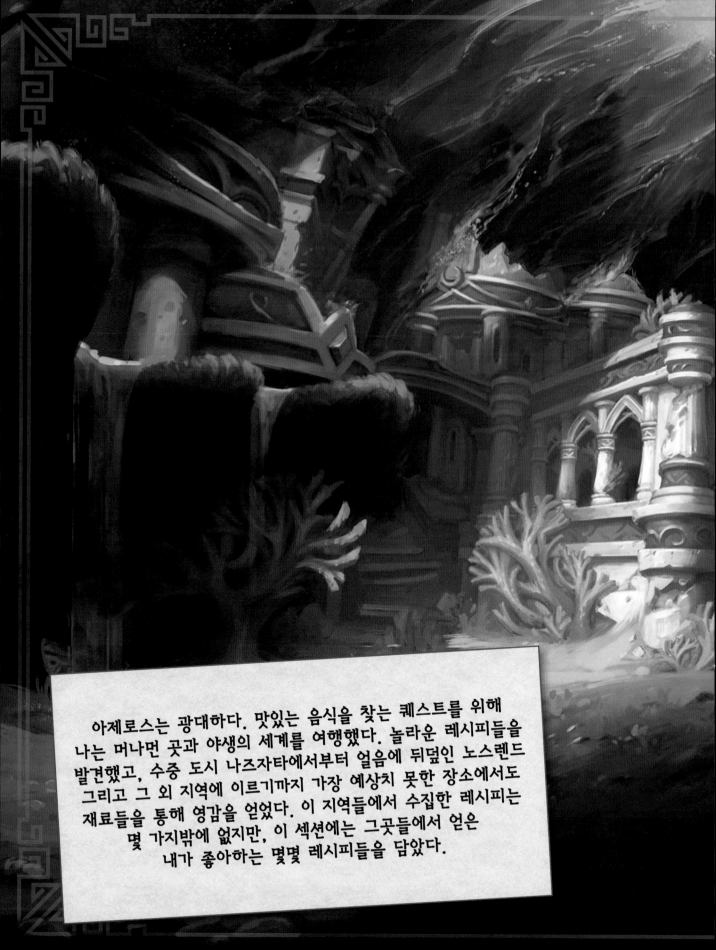

아제로스는 광대하다. 맛있는 음식을 찾는 퀘스트를 위해
나는 머나먼 곳과 야생의 세계를 여행했다. 놀라운 레시피들을
발견했고, 수중 도시 나즈자타에서부터 얼음에 뒤덮인 노스렌드
그리고 그 외 지역에 이르기까지 가장 예상치 못한 장소에서도
재료들을 통해 영감을 얻었다. 이 지역들에서 수집한 레시피는
몇 가지밖에 없지만, 이 섹션에는 그곳들에서 얻은
내가 좋아하는 몇몇 레시피들을 담았다.

나즈자타,
노스렌드, 아웃랜드
그리고 그 너머

가속의 후무스

영원의 눈 – 후무스를 만드는 빠르고 쉬운 레시피들은 많다. 이 레시피 이름의 '가속'은 만드는 데 필요한 시간이 아니라 후무스를 눈 깜짝할 사이에 열성적으로 먹어 치우는 속도를 말한다.

숙련도: 수습 요리
준비 시간: 15분
굽는 시간: 45분
분량: 파티용 분량으로 1회분
어울리는 음식:
구운 빵, 과자, 크래커, 피타빵, 염소젖 치즈

당근(껍질을 벗겨 대충 썰기) ⋯ 중간 크기 2개

병아리콩 통조림(물에 헹군 후 물기 제거하기) ⋯ 1캔 (430g)

타히니(잘 풀어주기) ⋯ 1/4컵

레몬즙 ⋯ 1/2개분

다진 마늘 ⋯ 2∼3쪽분

커민 가루 ⋯ 1/2작은술

카레 가루 ⋯ 1/2작은술

소금 ⋯ 크게 1꼬집

올리브 오일 ⋯ 2∼4큰술 + 조금(뿌리는 용도)

함께 곁들일 구운 빵, 과자, 크래커 또는 피타빵

호박씨(장식용)

1. 오븐을 205°C로 예열하고 유산지를 깐 베이킹 시트 위에 당근을 올려놓는다. 아주 부드러워질 때까지 약 45분간 굽는다.

2. 푸드 프로세서에 구운 당근, 병아리콩, 타히니, 레몬즙, 마늘, 향신료들을 넣는다. 모두 섞일 때까지 펄스 모드로 끊어가며 프로세서를 돌린다. 그런 다음 푸드 프로세서가 돌아가는 상태에서 혼합물이 매끈해지고 원하는 농도가 될 때까지 올리브 오일을 천천히 흘려 넣는다. 서빙용 그릇에 옮겨 담고 호박씨로 장식한 뒤 올리브 오일을 조금 더 뿌려 과자나 크래커 또는 길쭉하게 자른 야채와 함께 식탁에 올린다.

노미의 메모:
다진다는 것은 무엇인가를 최대한 곱게 써는 것을 의미한다.

말린 과일 휴대식량

숙련도: 기초 요리
준비 시간: 10분
굽는 시간: 약 1시간 30분
분량: 다인분
어울리는 것과 음식:
그래놀라, 황야의 하이킹

지옥불 반도 – 지옥불 반도의 덥고 건조한 기후에서는 과일이 저절로 건조된다. 이 간식은 호드 구성원들 사이에서 인기가 있는데, 특히 병참장교 울그론은 이 맛있는 간식으로 활발하게 사업을 한다. 아래의 레시피에 제한을 받지 말라. 슬라이스가 가능한 모든 과일을 사용해 집에서도 이 간식을 만들 수 있다.

사과 2개, 바나나 2개 또는 기타 슬라이스 가능한
과일 … 2컵

시나몬 가루 … 1작은술(선택 사항)

사용 가능한 음료:

수라마르 향신료 차(53쪽)

1. 오븐을 105℃로 예열하고 2개의 베이킹 시트에 유산지를 깐다.

2. 잘 드는 칼로 사과 심을 파내고(또는 바나나 껍질을 벗기거나 과일에서 먹을 수 없는 부분을 제거하기 위해 필요한 다른 과정을 거치고) 가능한 한 얇게 슬라이스한다.

3. 베이킹 시트에 과일 조각들을 서로 닿지 않게 펴준다. 필요할 경우 시나몬 가루를 살짝 뿌린다. 1시간 정도 구운 후 과일 조각들이 얼마나 잘 마르고 있는지 확인한다. 윗부분이 건조해졌으면 뒤집어서 20~30분간 더 굽고 다시 확인한다. 자신의 기호에 맞게 과일이 건조되었으면 (개인적으로는 약간 쫄깃한 상태인 것을 좋아한다!) 식힌 후 베이킹 시트에서 꺼낸다. 밀폐 용기에 보관한다.

망자의 빵

숙련도: 요리의 대가

준비 시간: 30분

대기 시간: 1시간 40분

굽는 시간: 25분

분량: 4덩이

어울리는 음식:
얼음처럼 차가운 우유

전 지역 – 이 강렬한 해골 모양의 빵은 아제로스 전역에서 망자의 날 축제가 열릴 때 볼 수 있는 별미다. 이 빵은 죽은 전사들이나 가족들의 무덤에 형형색색의 꽃이나 다른 제물들과 함께 올리기도 한다.

빵용:

녹인 무염 버터 … 4큰술

따뜻한 우유 … 3/4컵

설탕 … 1/4컵

인스턴트 드라이 이스트 … 2작은술

달걀(특란, 노른자와 흰자 분리하기) … 2개

소금 … 1꼬집

오렌지 제스트 … 1개분

아니스 농축액 … 몇 방울

아몬드 가루 … 1/2컵

밀가루(중력분) … 3컵

아이싱용:

바닐라 농축액 … 한 방울

체에 친 슈거 파우더 … 2컵

노미의 메모: 일반적으로는 화려할수록 좋지만 흰색 아이싱을 사용하면 매우 고급스럽게 보이는 빵을 만들 수 있다. 만약 다른 색을 첨가하고 싶다면 아이싱을 여러 개의 접시에 나누어 담고 식용 색소를 몇 방울 떨어뜨려 원하는 색을 얻은 뒤 원하는 패턴으로 짜면 된다. 만약 빵을 하루나 이틀 정도 보관할 계획이라면, 오븐에서 막 꺼내 따끈따끈한 상태일 때 설탕 시럽을 발라보라. 신선함을 가둬두는 데 도움이 될 것이다.

빵 만드는 법:

1. 큰 믹싱볼에 버터, 우유, 설탕, 이스트를 넣고 섞는다. 이스트가 활성화 될 때까지 2분 정도 두었다가 달걀노른자 2개, 소금, 오렌지 제스트, 아니스 농축액, 아몬드 가루를 넣고 저어서 섞는다. 달걀흰자는 달걀물과 아이싱을 위해 남겨둔다. 너무 질척거리지 않으면서 잘 휘어지는 반죽이 만들어질 때까지 밀가루를 넣고 섞는다. 밀가루를 살짝 뿌린 작업대 위에 반죽을 올린 후, 손가락으로 찔렀을 때 다시 튀어 오르는 상태가 될 때까지 몇 분간 치댄다. 버터를 가볍게 바른 믹싱볼에 반죽을 넣고 랩으로 느슨하게 덮어 크기가 2배가 될 때까지 약 1시간 동안 따뜻한 곳에 둔다.

2. 두개골 모양을 만들기 위해 반죽의 중간 부분을 주먹으로 내려친 후, 반죽을 똑같은 크기로 4등분한다. 공 모양으로 만든 각 반죽의 중간 위치보다 조금 아랫부분을 조심스럽게 꽉 잡고 반죽을 전체적으로 고르게 주물러 모래시계 모양을 만든 후 더 넓은 면적을 가진 부분이 위로 가게 한다. 잘 드는 칼이나 주방 가위를 이용해 아이싱을 올릴 부분을 표시하는데, 위쪽에 눈을 만들기 위해 ×자 2개, 코를 위한 구멍 2개, 아래쪽에 입을 위한 이빨 모양을 만든다. 유산지를 깐 베이킹 시트에 반죽을 옮기고 약 40분 동안 부풀린다.

3. 오븐을 175°C로 예열한다. 빵이 다시 부풀면 남겨둔 달걀흰자를 풀어 붓으로 가볍게 발라준다. 황갈색이 되면서 부풀어 오를 때까지 25분간 굽는다.

아이싱 만드는 법:

4. 빵이 식는 동안 달걀흰자와 바닐라 농축액 그리고 걸쭉한 아이싱 농도를 만드는 데 딱 적당한 정도의 슈거 파우더를 섞는다. 빵이 식으면 원하는 패턴으로 해골에 아이싱을 한다. 이 빵은 만든 당일에 먹는 것이 가장 맛있다.

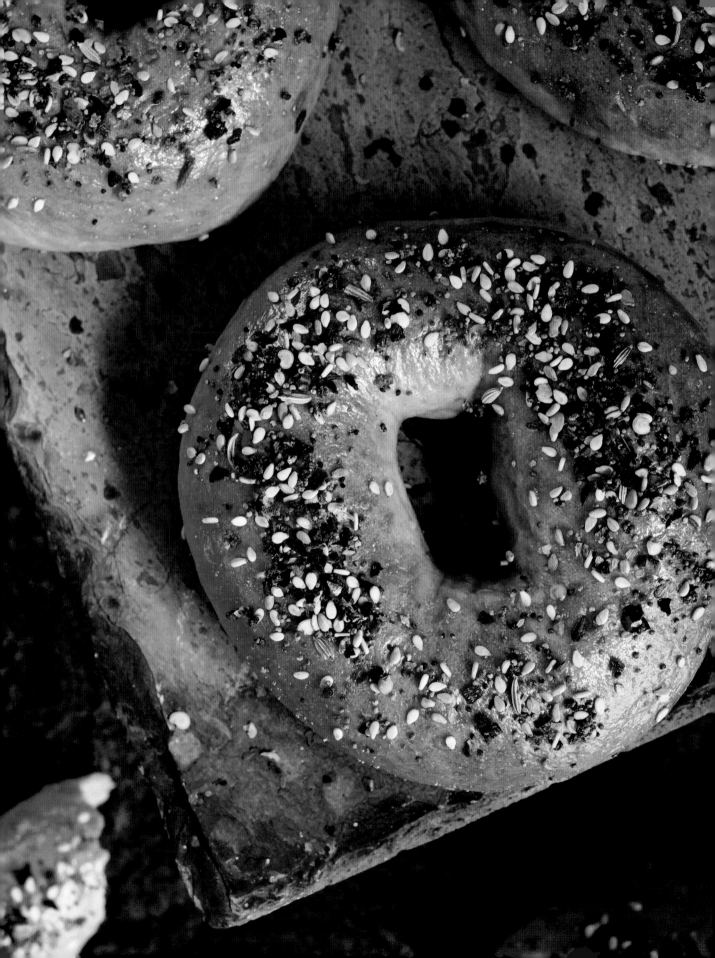

칼날첨탑 베이글

숙련도: 수습 요리

준비 시간: 20분

대기 시간: 1시간 30분

굽는 시간: 20분

분량: 베이글 8개, 몇 회분 토핑으로 충분한 양

어울리는 음식: 크림치즈, 가염 버터, 훈제 생선

칼날첨탑 – 이 레시피들을 수집하러 나서기 전에 나는 칼날첨탑 오우거들 사이에서 맛있는 무언가를 발견하고는 깜짝 놀랐다. 이는 맛있는 음식은 예상치 못한 모든 장소에서 발견될 수 있다는 것을 보여준다. 달걀을 넣어 영양가 있고 맛있는 재료들을 토핑으로 듬뿍 올린 이 베이글은 원기 왕성한 하루를 시작할 수 있도록 해준다.

시원한 물 … 1컵

당밀 … 1큰술+1/4컵(끓이는 용도)

인스턴트 이스트 … 2작은술

소금 … 2작은술

달걀(특란, 노른자와 흰자 분리하기) … 1개

밀가루(중력분) … 3컵

식물성 식용유 … 1큰술

옥수숫가루 … 1/2컵(베이킹 시트에 뿌리는 용도)

끓는 물 … 약 2리터

매운 양념(16쪽, 토핑용) … 1큰술

1. 큰 믹싱볼에 물, 당밀 1큰술, 이스트를 넣고 섞는다. 소금, 달걀노른자를 넣은 다음 믹싱볼의 옆면에서 떨어질 수 있을 정도로 충분히 빽빽한 반죽이 될 때까지 한 번에 1컵씩 밀가루를 넣고 섞는다.

2. 밀가루를 살짝 뿌린 작업대 위에 반죽을 올리고, 손가락으로 찌르면 다시 튀어 오를 때까지 몇 분간 치댄다. 기름을 살짝 바른 믹싱볼에 반죽을 담고 랩이나 젖은 키친타월을 덮어 따뜻한 곳에서 크기가 2배가 될 때까지 1시간 정도 둔다.

3. 옥수숫가루를 가볍게 뿌린 베이킹 시트를 준비한다.

4. 베이글 반죽을 성형할 준비가 되면, 반죽을 똑같은 크기로 8등분한다. 한 번에 하나씩 매끄러운 공 모양으로 반죽을 빚은 후 손가락으로 중간에 구멍을 뚫는다. 구멍을 더 크게 만들기 위해 반죽을 조심스럽게 잡아 늘인 다음 한쪽에 둔다. 남은 반죽도 동일한 방법으로 만든 후 부푼 것처럼 보이기 시작할 때까지 약 20분간 발효시킨다.

5. 오븐을 220℃로 예열하고, 냄비 하나에 물을 끓인 후 나머지 1/4 컵의 당밀을 넣고 저어준다. 반죽을 한 번에 1개 또는 2개씩 끓는 물에 부드럽게 떨어뜨린다. 양면을 각 1분씩 끓인 후 건져내고 옥수숫가루를 뿌린 베이킹 시트 위에 놓는다. 베이글을 모두 데치면 준비해둔 달걀흰자를 붓으로 재빠르게 바르고 매운 양념을 뿌린 후 오븐에 넣는다. 황갈색이 되면서 부풀 때까지 20분간 굽는다.

바위 먹거리

숙련도: 숙련 요리
조리 시간: 15분
조합 시간: 15분
분량: 수십 개
어울리는 음식: 핫 초콜릿

혼돈의 소용돌이 – 비록 어떤 사람들은 이 작은 사탕들이 단단한 힘으로 우리의 턱을 부러뜨릴 것이라고 주장할지도 모르지만 나는 그것이 문제가 된 적을 본 적이 없다. '바위' 안에 있는 아몬드가 오도독 씹히는 건 사실이지만 부드럽고 쫀득한 겉 부분은 아무런 위험도 없다. 진짜 돌과 섞지는 않도록 하자. 깜짝 놀랄 수도 있으니까!

가당연유 … 200g

화이트 초콜릿칩 … 340g

부순 초콜릿 쿠키 … 1/3컵

검은색 식용 색소 또는 코코아 가루

통아몬드 … 1/4컵

1. 작은 소스팬에 연유와 화이트 초콜릿칩을 넣고 약불에 올려 섞는다. 초콜릿이 절반 정도 녹을 때까지 저어가며 몇 분간 가열한 다음, 불에서 내려 혼합물이 매끈해질 때까지 젓는다.

2. 부순 쿠키를 넣고 저은 후 이 퍼지를 3개의 그릇에 나누어 담는다. 3개의 그릇에 원하는 만큼 식용 색소나 코코아 가루를 넣어 3가지의 다른 색을 만들어낸다. 손으로 만질 수 있을 정도로 퍼지를 충분히 식힌 후 작은 숟가락으로 몇 번 떠낸다. 원한다면 여러 가지 색깔을 조합하여 소용돌이무늬를 만들 수도 있다. 아몬드를 중심으로 퍼지를 눌러 붙여 거친 바위 모양으로 만든 후 베이킹 시트에 올려놓고 완전히 식으면 먹는다.

산딸기 빵

나즈자타 – 여기 나즈자타의 한 토르톨란 수집가에게서 배운 매력적인 레시피가 있다. 잘 알겠지만 그곳에서는 자연적으로 자라는 것이 별로 없어 야생 베리를 수입한다. 그럼에도 불구하고 그들은 은은한 베리 향을 가진 정말 예쁜 빵을 만든다.

숙련도: 전문 요리
준비 시간: 15분
대기 시간: 2시간
굽는 시간: 35분
분량: 한 덩이
어울리는 음식: 허브차, 야생화 꿀

빵용:

따뜻한 우유 … 1컵

녹인 무염 버터 … 1큰술

설탕 … 2큰술

인스턴트 드라이 이스트 … 1작은술

소금 … 1/2작은술

밀가루(중력분) … 2컵

베리 레이어용:

따뜻하게 데운 산딸기 잼 … 1/2컵

생강 가루 … 1/4작은술

밀가루(중력분) … 3/4컵

빵 만드는 법:

1. 큰 믹싱볼에 우유, 버터, 설탕 그리고 이스트를 넣고 섞는다. 여기에 소금을 넣고 믹싱볼의 측면에서 떼어낼 수 있을 정도로 부드러운 반죽이 될 때까지 천천히 밀가루를 넣고 작업한다.

2. 밀가루를 살짝 뿌린 작업대 위에 반죽을 올리고 손가락으로 찌르면 다시 튀어 오를 때까지 몇 분간 치댄다. 버터를 가볍게 바른 믹싱볼에 넣고, 랩이나 젖은 면보를 느슨하게 덮은 뒤 따뜻한 곳에서 크기가 2배가 될 때까지 1시간 정도 둔다.

3. 표준 크기 빵팬의 모든 면에 버터를 바르고 한쪽에 둔다.

4. 반죽이 준비되면 밀대를 사용하여 밀가루를 살짝 뿌린 작업대 위에서 직사각형(46×25cm) 모양으로 민다.

베리 레이어 만드는 법:

5. 작은 그릇에 베리 레이어의 모든 재료를 넣고 섞은 다음 반죽의 2/3에 해당하는 면적에 펴서 바른다. 베리를 바르지 않은 1/3의 반죽을 베리 스프레드 위로 덮어 접은 후 반죽의 다른 쪽 끝과 접어 3개의 층으로 포개진 반죽을 만든다.

6. 이 반죽을 다시 직사각형 모양으로 밀고 한 번 더 3등분하여 접는다. 반죽을 마지막으로 한 번 더 밀되 직사각형이 빵팬의 긴 쪽과 폭이 맞도록 민다. 그런 다음 손을 사용해 길이가 긴 방향에서 반죽을 말아 통나무 모양으로 만든다. 반죽의 이음새 부분이 아래로 향하게 하여 준비된 빵팬에 넣고 다시 덮개로 덮어 1시간 동안 더 부풀린다.

7. 오븐을 175°C로 예열한다. 빵의 윗부분이 연한 갈색이 될 때까지 35분간 굽는다. 그대로 몇 분 동안 식힌 후 빵팬에서 꺼내 마저 식힌다. 빵을 슬라이스하여 굽고 버터를 발라서 먹는다.

바다 소금 커피

숙련도: 기초 요리

준비 시간: 15분

식히는 시간: 1시간

분량: 2인분

어울리는 음식: 쿠키,
브리블스워프의 사각사각
막대 아이스크림(31쪽),
쿨 티라미수(95쪽)

나즈자타 – 이것은 내가 여행을 하는 동안 우연히 발견한 가장 희귀한 레시피들 중 하나인데, 이게 왜 나즈자타의 바닷속에 있는 두어 군데의 여관에서만 판매되는지 죽었다 깨어나도 이해할 수가 없다. 버터 캐러멜 우유 위에 휘핑을 한 커피 토핑을 올리면 생기를 살려주는 맛있는 음료가 만들어지는데, 얼음 위에 올려서 먹는 것도 따뜻하게 먹는 것만큼이나 훌륭하다.

캐러멜 우유용:

가염 버터 … 2큰술

설탕 … 1/4컵

따뜻한 우유 … 1½컵

커피 토핑용:

인스턴트 커피 … 2큰술

설탕 … 2큰술

뜨거운 물 … 2큰술

바다 소금(서빙용) … 1꼬집

캐러멜 우유 만드는 법:

1. 중간 또는 큰 크기의 소스팬에 버터를 넣고 중약불에서 녹인다. 설탕을 넣고 저은 후, 가끔 저으면서 혼합물이 적당한 호박색이 되고 캐러멜 냄새가 날 때까지 5~10분 정도 가열한다. 젓는 동안 우유의 약 절반을 붓는다. 혼합물에서 거품이 크게 일고 사방으로 튀어도 덩어리가 큰 캐러멜이 녹을 때까지는 계속 젓는다. 남은 우유를 넣고 커피 토핑을 준비하는 동안 약불 위에 따뜻하게 둔다.

커피 토핑 만드는 법:

2. 작은 그릇에 커피, 설탕, 뜨거운 물을 넣고 섞는다. 전동 믹서를 사용하여 저속에서 시작해 점차 속도를 높이며 커피 토핑이 옅은 갈색이 되어 부드러운 뿔이 생길 때까지 약 5분간 휘젓는다.

조합하는 법:

3. 캐러멜 우유를 2개의 컵에 붓고 커피 토핑을 숟가락으로 떠서 각각의 컵 위에 올린다. 바다 소금을 1꼬집 올리고 마신다.

4. 이 커피를 차갑게 즐기려면 캐러멜 우유 혼합물을 차갑게 한 후 얼음을 붓고 커피 토핑을 올린다.

용암콜라다

숙련도: 숙련 요리
준비 시간: 10분
분량: 2인분
어울리는 음식: 매운 음식,
용암 구이 소시지

혼돈의 소용돌이 – 내 친구 그레이비의 말에 따르면, 만약 우리가 녹은 용암 웅덩이들 사이에 둘러싸여 있을 경우 열기를 이기는 가장 좋은 방법은 얼린 음료를 마시는 것이라고 한다! 그는 자신이 창조한 이 상쾌한 음료의 효능을 확신한다. 그가 알아야 하는 것은 이 음료가 그가 파는 가장 인기 있는 품목 중 하나라는 것이다!

얼린 파인애플 조각 … 1컵

오렌지 주스 … 1컵

얼린 통딸기 … 1컵

코코넛 밀크 … 1컵

석류 시럽(선택 사항) … 1~2큰술

신선한 파인애플(장식용)

1. 블렌더에 얼린 파인애플 조각과 오렌지 주스를 넣고 섞은 후 2개의 서빙용 컵에 나누어 담는다.

2. 딸기, 코코넛 밀크 그리고 필요할 경우 석류 시럽을 블렌더에 함께 넣고 섞는다. 이것을 파인애플-오렌지 혼합물 위에 조심스럽게 붓는다. 신선한 파인애플로 장식하고 바로 마신다.

노미의 메모: 같은 종류로 술이 들어간 버전을 만들려면 오렌지 주스의 절반을 럼주로 대체한다.

캐러웨이 화끈주

숙련도: 기초 요리
준비 시간: 5분
대기 시간: 10일
분량: 약 1리터
어울리는 음식:
아몬드 비스코티

북풍의 땅 – 얼핏 보면 한정된 수량만 공급되는 진귀한 쿨 티란 와인을 캐러웨이 화 끈주와 교환하는 것은 불리한 흥정처럼 보이지만, 그건 화끈주를 한 번도 마셔보지 않 았을 때나 드는 생각일 것이다. 동토의 북풍의 땅에서 화끈주보다 우리의 속을 따뜻 하게 데워주는 더 좋은 것은 없다!

캐러웨이 시드 … 2작은술

정향 … 2~3개

시나몬 스틱 … 1개

레몬 제스트 … 1개분

브랜디 … 4컵

꿀 … 1/4컵 또는 기호에 따라 그 이상

크고 깨끗한 병이나 항아리에 모든 재료를 넣고 섞는다.
약 10일 동안 어두운 곳에 두고, 가끔씩 흔들어준다. 체에 걸러
깨끗한 병에 넣은 다음 작은 잔에 담아 식전주나 식후주로
마신다.

할라아니 위스키

숙련도: 기초 요리
준비 시간: 5분
대기 시간: 7일
분량: 1병(큰 병 기준)
어울리는 음식: 생강 쿠키, 크렘 브륄레나 라이스 푸딩과 같은 크림이 든 디저트

나그란드 – 이제 이 고전적인 파이어 위스키를 한 잔 즐겨보자. 이 향을 우린 음료를 만드는 데 있어 가장 좋은 점 중 하나는 '파이어'가 이름에만 있다는 것으로 결국 태우는 것은 없다는 뜻이다. 이는 정말 다행한 일이다. 사실 이 위스키는 만들기 너무나 쉬워서 가장 어려운 것은 기다리는 것이다. 그 기다림의 결과는? 우리에게 큰 감동을 주어서 모든 사람에게 자랑하고 싶은 위스키가 주어질 것이다!

위스키(750ml) … 1병

시나몬 스틱 … 5개

메이플 시럽 … 1/4컵

말린 쥐똥고추 … 4개 또는 기호에 따라 그 이상

위스키, 시나몬 스틱, 메이플 시럽을 큰 밀폐 용기에 넣고 섞는다. 어두운 곳에 5일 동안 담가두었다가 고추를 넣는다. 이틀간 더 담가두고 체에 걸러 깨끗한 용기에 담는다.

요리별 식이 제한 정보표

GF: 글루텐 프리 | GF*: 간단하게 글루텐 프리 레시피로 변형 가능
V: 채식주의 | V*: 간단하게 채식주의 레시피로 변형 가능 | V+: 비건 | V+*: 간단하게 비건 레시피로 변형 가능

기본양념:

감미로운 꿀		V	V+
잿불 양념	GF	V	V+
육수 분사		V*	
매운 양념	GF	V	V+
형이상학적 향신료 혼합물	GF	V	V+
스톰윈드 향초	GF	V	V+

사이드 요리 및 간식:

버터 넣은 순무 죽		V	
깊은땅 뿌리 말랭이	GF*	V*	
다진 채소	GF	V*	V+*
말린 과일 휴대식량	GF	V	V+
가속의 후무스	GF*	V	V+*
원기충전 말불버섯		V	
고요사냥개		V	
양념한 양파 치즈	GF	V	
두 번 구운 고구마	GF		

빵:

폭신한 치아바타		V	V+
칼날첨탑 베이글		V	
망자의 빵		V	
그루멀빵	GF*	V	
추수절 빵(스틱)		V*	
밤의 수확물 롤빵		V	
땅콩 맥주빵	GF*	V	
짬짤한 바다 크래커		V	V+*
스톰송 효모빵		V	
산딸기 빵		V	

수프 및 스튜:

용암비늘 채소국	GF		
마의 따뜻한 야크 꼬리찜	GF		
교만몰락 보르쉬		V	
뿌리채소 국	GF*	V	
위안의 국물	GF	V	V+

메인 요리:

창꼬치 아욯이		V*	
브루토사우루스 티카	GF		
어둠구덩이 버섯 버거	GF*	V	V+*
구운 치즈 만두	GF*		
글렌브룩 푸딩			
놈리건 닭강정			
꿀 바른 고기 파이	GF*	V	V+*
육즙이 넘치는 사과 만두	GF		
붉은마루산 굴라시 스튜	GF*		
선원의 파이			
아이스크림을 얹은 스테이크	GF		

디저트:

몽환사과 파이	GF*	V	
벨라라의 땅콩초코바		V*	
브리블스워프의 사각사각막대아이스크림	GF	V	
티굴과 폴로르의 딸기 아이스크림	GF	V	
쫄깃한 악마 사탕	GF	V	
코코아 납작빵	GF	V	V+*
다크문 도넛		V	
버터 쿠키 튀김		V	
황혼의 아몬드 무스	GF	V	
임프 칩 쿠키		V*	
쿨 티라미수		V	
로아 빵		V	
바위 먹거리	GF*	V	
까마귀딸기 타르트	GF*	V	
트롤섞었주	GF	V	V+*
트위츠의 풍미 넘치는 파이	GF	V	

음료:

가시덤불 마티니	GF	V	V+
캐러웨이 화끈주	GF	V	
할라아니 위스키	GF	V	
용암콜라다	GF	V	V+
정신 나간 양조장이의 아침 식사	GF	V	
해변의 기사	GF	V	V+
모조히토	GF	V	V+
몰라세스 화주	GF	V	V+
룬나무 아쿠아비트	GF	V	V+
청미래덩굴 퐁당주	GF	V	
바다 소금 커피	GF	V	
망령열매 과일주	GF*	V	V+
스팀휘들 짐마차 폭탄주		V	V+
수라마르 향신료 차	GF	V	V+

계량 단위 환산표

용량

미국식	미터법
1/5작은술(tsp)	1밀리리터
1작은술(tsp)	5밀리리터
1큰술(tbsp)	15밀리리터
1액량 온스(fl. oz.)	30밀리리터
1/5컵	50밀리리터
1/4컵	60밀리리터
1/3컵	80밀리리터
3.4액량 온스(fl. oz.)	100밀리리터
1/2컵	120밀리리터
2/3컵	160밀리리터
3/4컵	180밀리리터
1컵	240밀리리터
1파인트(2컵)	480밀리리터
1쿼트(4컵)	0.95리터

무게

미국식	미터법
0.5온스(oz.)	14그램
1온스(oz.)	28그램
1/4파운드(lbs.)	113그램
1/3파운드(lbs.)	151그램
1/2파운드(lbs.)	227그램
1파운드(lbs.)	454그램

온도

화씨(°F)	섭씨(°C)
200°	93.3°
212°	100°
250°	120°
275°	135°
300°	150°
325°	165°
350°	177°
400°	205°
425°	220°
450°	233°
475°	245°
500°	260°

작가들에 대해

새로운 와라버지들을 위해,
이들이 없었다면 이 책도 없었을 것이다.

첼시 먼로 카셀

첼시 먼로 카셀은 베스트셀러인《얼음과 불의 노래: 왕좌의 게임 공식 요리책A Feast of Ice and Fire: The Official Game of Thrones Companion Cookbook》의 공동 저자이자,《월드 오브 워크래프트 공식 요리책World of Warcraft: The Official Cookbook》,《하스스톤: 여관 주인의 선술집 요리책Hearthstone: Innkeeper's Tavern Cookbook》,《엘더스 크롤 공식 요리책The Elder Scrolls: The Official Cookbook》,《오버워치 공식 요리책Overwatch: The Official Cookbook》 등을 집필했다. 그녀의 작품은 상상력과 역사적 연구를 통합해 이루어진 것이다. 이러한 열정은 그녀가 상상 속의 음식을 현실로 바꾸는 임무를 수행하도록 이끌었다. 첼시는 외국어, 보물찾기, 역사 그리고 꿀과 관련된 모든 것을 매우 좋아한다.

노미

유명한 판다렌 셰프 노미는 언덕골에서 홀륭한 셰프들, 여행 중인 모험가들과 함께 요리 공부를 시작했다. 판다리아에서 자란 어린 소년 시절, 그는 다양하고 색다른 방법으로 바짝 탄 음식을 만드는 재주를 보였다. 또한 집을 떠나 아제로스를 돌아다니며 새로운 사람들을 만나고 새로운 레시피를 배우며 세계를 탐험했다. 노련한 셰프가 된 노미는 이제 자신의 레시피들을 배우고자 하는 모든 사람에게 이를 공유하길 원한다. 아무리 복잡한 요리라고 해도, 아무리 잘 모르는 재료라고 해도, 노미는 자신의 모든 음식이 반드시 제대로 만들어질 수 있도록 돕는다.

월드 오브 워크래프트 공식 요리책 2: 아제로스의 새로운 맛

1판 1쇄 발행 2023년 1월 2일
지은이 첼시 먼로 카셀
옮긴이 최경남
펴낸이 하진석
펴낸곳 ART NOUVEAU
주소 서울시 마포구 독막로3길 51
전화 02-518-3919
팩스 0505-318-3919
이메일 book@charmdol.com
신고번호 제313-2011-157호
신고일자 2011년 5월 30일
ISBN 979-11-91212-16-7 13590

BLIZZARD ENTERTAINMENT:

Lead Editor: Chloe Fraboni
Book Art and Design Manager: Betsy Peterschmidt
Producer: Derek Rosenberg, Brie Messina
Lore Consultation: Justin Parker, Madi Buckingham, Anne Stickney
Game Team Consultation: Ely Cannon, Steve Danuser, Jennifer Hauer, Korey Regan
Director, Consumer Products, Publishing: Byron Parnell

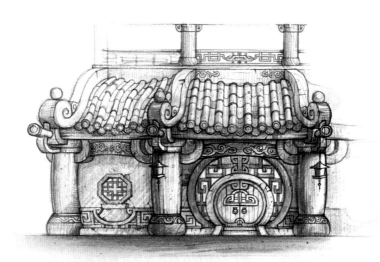